四川省教育厅资助科研项目
西南科技大学科研基金资助(16zx7138)

基于能值理论的区域人居环境可持续发展评价研究

赵春容 著

U0318898

科学出版社
北 京

内 容 简 介

本书利用能值分析理论对区域人居环境进行可持续发展评价研究。建构基于能值理论的区域人居环境可持续发展评价方法与评价模型，以四川省绵阳市为例进行实证研究，建立区域系统能值流数据库，研究其能值结构；揭示区域空间差异状况及其成因；评价系统可持续发展水平，提出区域空间可持续发展的调控对策与建议。制定区域可持续发展的协调发展对策措施，为区域空间可持续发展战略提供理论与技术支持。

本书可供城乡规划、生态经济、环境、资源等相关专业的人员阅读参考。

图书在版编目(CIP)数据

基于能值理论的区域人居环境可持续发展评价研究 / 赵春容著.
— 北京：科学出版社, 2018.8
ISBN 978-7-03-054595-4

Ⅰ.①基… Ⅱ.①赵… Ⅲ.①居住环境–可持续性发展–研究–中国 Ⅳ.①X21

中国版本图书馆 CIP 数据核字 (2017) 第 236593 号

责任编辑：张 展 孟 锐 / 责任校对：王 翔
责任印制：罗 科 / 封面设计：墨创文化

科 学 出 版 社 出版

北京东黄城根北街16号
邮政编码：100717
http://www.sciencep.com

成都锦瑞印刷有限责任公司印刷
科学出版社发行 各地新华书店经销

*

2018 年 8 月第 一 版 开本：B5 (720×1000)
2018 年 8 月第一次印刷 印张：9.5
字数：200 千字

定价：69.00 元
(如有印装质量问题，我社负责调换)

前　　言

区域的环境与发展问题是全球环境与发展问题产生的根源，全球的可持续发展依赖于区域环境与发展问题的解决。另外，由于发展在空间分布上的不均衡和差异，区域的环境与发展问题表现为明显的地域性。在当前城镇化和工业化快速推进的背景下，地域性的环境污染、生态破坏、资源耗竭等环境资源问题依然突出，且人居环境建设强度和资源环境压力将持续很长一段时间。而以人类建设活动为主体的人居环境建设是不可再生资源的重要消费者、废弃物的重要产生者、空气和水体的重要污染者、土地资源的浪费之源，因此，人居环境建设本身就是一个极易发生不可持续的过程。为此，急需根据可持续发展的观念思考系统运转的可持续性问题，使人类对大自然的索取和废弃物排放能保证在生态、环境可承载的范围之内，即处理好自然资源环境系统与人类社会经济系统的相互依存关系。但是长期以来，由于两大系统内部不同性质、不同类别作用的要素之间在量纲上的不可比较性，使得可持续发展定量研究中无法测度两者的关系。美国著名生态学家 Odum 提出的能值分析理论解决了这一难题，该理论中用"太阳能值"作为度量尺度，引入能值指标，将资源环境系统和社会经济系统有机地统一起来，为区域可持续性发展的定量评价提供了一个全新的方法。

基于此，本书以区域系统可持续发展评价为研究目标，以 Odum 提出的能值理论原理为研究方法进行区域可持续发展评价研究，并以四川省绵阳市为例开展实证研究。本书主要由三部分组成。第一部分由第 1 章和第 2 章组成，主要介绍本书的研究背景、研究目的意义和研究内容，对相关概念进行解读，综述国内外区域人居环境评价和能值分析的理论及应用，提出能值方法对本研究的启示。第二部分即第 3 章，这部分通过理论分析，建立基于能值理论的区域可持续发展研究理论框架。从组成区域系统要素层面入手，解析生态环境系统与社会经济系统的耦合关系及运行机制；分别从能量流动规律、能量等级与空间差异、系统要素(能量的载体)运动与区域空间演化等方面探寻区域空间发展的特征。依据以上对能量等级与区域空间差异的理解，引入经典的要素集聚与扩散的空间结构演化规律，进一步分析研究区域在不同的发展阶段的空间结构演化态势、特征，为后续制定差异性的空间发展策略做好铺垫；选取一系列反映系统生态环境与社会经济特征和效率的能值指标，建立由社会亚系统、经济亚系统、自然亚系统和系统可持续发展性能 4 大表现层、16 个指标的区域可持续发展能值评价指标体系。第三部分由第 4 章至第 8 章组成，以四川省绵阳市为例，开展实证研究。第 4 章应用能值理论对绵阳市 9 年间区域生态经济系统的能值输入输出状况进行分析,并计算分析反映系统自然-社会-经济-可持续发展的能值综合指标。通过这样的研究思路,希望能整体地探求区域系统的结构与功能变化的规律,掌握系统能值演变轨迹,以便对区域发展制定更加有效的政策与措施。第 5 章基于 2013 年的数据,分析区域不同县市区的能值流和能值指标的空间差异,然后根据发展相似性的原则,对不同县市区进行重新归类,为制定差异性的空间发展政策和措施以及建构可持续发展的空间结构格局提供依据。第 6 章根据能值理论的定义反映的可持续发展水平的指标(能值负载率、能值产出率、能值可持续指标和能值可持续发展指标)展开两个层面的研究:一是从区域在时间纵轴上(2005~2013 年)的变化趋势,二是以 2013 年数据来分析可持续发展指标的空间差异。为了进一步探究资源、环境与经济发展的关系,进行基于能值绿色 GDP 的可持续发展水平评价。希望通过以上的方式对区域可持续发展水平进行综合评价。第 7 章是根据发展相似性的原则以及区域空间发展的态势,对区域内部的不同行政区进行重新归类,提出各区域的发展对策和建议。第 8 章是结论和展望。

本书是在四川省教育厅和西南科技大学科研项目的资助下出版。衷心感谢我的博士生导师周波教授在本书编写过程中的悉心指导和帮助。编写本书是一个对理论研究不断梳理和不断学习的过程,作者查阅了大量国内外的文献和资料,在本书中都尽可能进行了标注,若有疏忽,请指正,并感谢。感谢提供基础数据的绵阳市统计局、城乡规划局、环境保护局等部门的支持。

　　限于作者水平,本书难免存在不足之处,敬请广大读者批评指正。

目　　录

1　绪论···1

　1.1　研究背景···1

　1.2　研究目的与意义··3

　1.3　研究内容···4

2　相关概念及研究进展···6

　2.1　相关概念···6

　　2.1.1　区域人居环境···6

　　2.1.2　区域人居环境系统···7

　　2.1.3　区域人居环境系统的可持续发展·······································9

　2.2　区域可持续发展评价的研究进展···10

　　2.2.1　国外可持续发展评价研究进展··10

　　2.2.2　国内可持续发展评价研究进展··13

　2.3　能值理论及其应用现状···15

　　2.3.1　能值分析的基本原理···15

　　2.3.2　能值理论的应用现状···16

　2.4　能值理论对本研究的启示··22

3　区域人居环境可持续发展的能值研究框架·································24

　3.1　区域系统要素及其运动机制···24

　　3.1.1　区域系统的构成要素···24

　　3.1.2　区域系统的功能形式···26

　　3.1.3　区域生态流的运行图解··30

　3.2　区域系统空间发展的基本特征··33

　　3.2.1　能量流动与最大功率原则···33

　　3.2.2　能值转换率与能量等级··35

　　3.2.3　能量等级与区域空间格局···36

　3.3　区域可持续发展的能值评价体系···41

　　3.3.1　能值分析的步骤及方法··41

　　3.3.2　评价指标体系的作用···43

　　3.3.3　能值评价指标体系框架··43

　　3.3.4　系统可持续发展的能值综合指标···48

 3.4 本章小结 ···49
4 **区域系统能值结构及能值演变分析** ····················51
 4.1 研究区概况 ···51
  4.1.1 地理位置 ···51
  4.1.2 自然生态状况 ·····································51
  4.1.3 产业空间分布 ·····································55
  4.1.4 社会经济状况 ·····································55
  4.1.5 区域空间发展状况 ·································57
 4.2 系统能值结构分析 ···58
  4.2.1 数据来源及计算方法 ·······························58
  4.2.2 系统能值流构成 ···································60
  4.2.3 系统输入能值分析 ·································62
  4.2.4 系统输出能值分析 ·································63
 4.3 能值指标演变与趋势分析 ···································65
  4.3.1 社会亚系统能值分析 ·······························65
  4.3.2 经济亚系统能值分析 ·······························66
  4.3.3 自然亚系统能值分析 ·······························69
 4.4 本章小结 ···73
5 **区域系统能值空间差异研究** ···························76
 5.1 能值流空间分布研究 ·······································76
 5.2 能值指标空间差异分析 ·····································81
  5.2.1 自然属性差异 ·····································82
  5.2.2 经济特征差异 ·····································84
  5.2.3 社会发展水平差异 ·································85
 5.3 能值指标区域差异机制 ·····································87
  5.3.1 区域划分的依据 ···································87
  5.3.2 区域能值数据计算 ·································91
  5.3.3 能值指标区域差异机制 ·····························93
 5.4 本章小结 ···102
  5.4.1 各县市区能值流空间分布研究 ·······················102
  5.4.2 能值指标空间差异分析 ·····························104
  5.4.3 能值区域差异机制 ·································104
6 **区域系统可持续发展水平评价** ·························107
 6.1 系统可持续发展能值指标 ···································107
 6.2 能值可持续性指标空间格局分析 ·····························109

6.3 基于能值绿色的可持续发展水平评价 ··· 111

   6.3.1 绿色的提出 ·· 111

   6.3.2 基于能值理论的绿色核算方法 ·· 112

   6.3.3 基于能值理论的绿色分析 ·· 114

6.4 本章小结 ·· 116

7 对策与建议 ·· 118

7.1 推进区域人居环境系统的可持续发展 ··· 118

   7.1.1 适度的人口容量，提高人口素质 ·· 118

   7.1.2 综合利用资源，树立生态意识 ··· 119

   7.1.3 调整能值结构，改变经济增长方式 ·· 120

   7.1.4 融汇科学技术，推动社会经济发展 ·· 120

7.2 促进区域人居环境系统空间的协调发展 ·· 121

   7.2.1 西北部山区 ··· 121

   7.2.2 中心城区与中部平原丘陵区 ·· 123

   7.2.3 东南部丘陵区 ··· 124

8 结论与展望 ·· 126

8.1 研究结论 ·· 126

8.2 展望 ··· 130

参考文献 ·· 132

附录 太阳能值转换率一览表 ··· 142

1 绪　论

1.1 研究背景

我国是人口众多、资源相对贫乏、经济发展不平衡的国家，不少地区的经济发展还处于不发达或欠发达的水平。为此，吴良镛[1]在其《人居环境科学导论》中明确指出，由于人居发展存在着明显的不平衡性，相应地，"人居环境研究中的区域视野也愈显重要"。而且，在中国实施的可持续发展战略只有落实到特定区域(如：省、市、县)才有意义，这也向理论界提出了在确保各区域系统人口、资源、环境与经济各大要素(或子系统)取得协调发展的前提下，如何对其可持续发展状态或能力进行管理及评估的问题。可持续发展观产生于全球、全人类面临的环境保护与社会发展的矛盾，同时也是应对区域环境与发展问题提出来的。区域环境与发展问题是全球生态环境资源危机产生的根源，而全球系统的可持续发展又取决于区域环境与发展问题的科学解决。另外，由于发展在空间分布上的不均衡和差异，区域的环境与发展问题表现为明显的地域性[2]。

1) 资源环境危机与环境核算

可持续发展本身是一个生态学概念，首次出现在《世界自然保护大纲》(1980 年)中，被定义为："为使发展得以继续，必须考虑社会和生态因素以及经济因素，考虑生物及非生物资源基础。"这充分明确了可持续发展的多重属性，具体体现为社会、经济、生态、资源环境等方面的可持续性，从而从根本上改变了人类社会的发展观念，是人类发展观的转折点。纵观当今人类社会经济发展过程，价值取向上经历了从经济发展观(以经济总量增长为目标)向资源高效利用观(以资源环境高效利用为目标)和综合价值观(目的是提升经济-社会-生态综合效益，促进社会与人的全面协调发展)的转变[3]。尽管有这样价值观念上的革新，但是在当前城镇化和工业化快速推进的背景下，地域性的环境污染、生态破坏、资源耗竭等环境资源问题依然突出，且人居环境建设强度和资源环境压力将持续很长一段时间，因此，研究区域人居环境的可持续发展将是一个任重而道远的课题。

以人类建设活动为主体的人居环境建设是不可再生资源的重要消费者、废弃物的重要产生者、空气和水体的重要污染者、土地资源的浪费之源，因此，人居环境建设本身就是一个极易发生不可持续的建设过程。建设活动消费的原材料超过其他任何工业，随着城市化速度加快，2013 年中国房地产开发用地比上一年增长 26.8%[4]，住房建造需要消耗大量的不可更新能源，住房建设及住房维护会带来巨大的能源消耗[5]。据统计，全世界 40%的能源消耗来自建筑物能耗，有资料显示，美国的建筑物能耗占据了其国家总能耗的 70%[6]。到 2020 年，推算的数据显示，世界总能源需求将在 1990 年基础上增加 50%~80%[7,8]。建筑业建筑材料消耗方面，中国消耗的原料约占世界的 40%，发达国家的自然资源消耗量约占总的自然资源消耗量的 30%~40%。2013 年中国经济总量占世界的比重为 12.4%，但消耗了全世界 50%的煤炭、47.3%的钢材和 56%的水泥[9]。《2013 年中国环境状况公报》公布："74 个按空气质量新标准监测的城市中，仅有 4.1%的城市达标；长江、黄河等 10 大水系的国控断面中，9%的断面为劣五类水质；4778 个地下水监测点位中，较差和极差水质的监测点比例为 59.6%；土壤污染超标率为 16.1%。"[10]这种"高污染、高排放、高能耗、低效率"的"黑色经济"发展模式，正是当年西方国家完成资本原始积累的"先污染，后治理"模式的重演。

　　鉴于如此严重的资源环境问题，急需根据可持续发展的观念思考系统运转的可持续性问题，保障人与自然共生，使人类对大自然的索取和废弃物排放能保证在生态、环境可承载的范围之内[11]，这从本质上体现了自然资源环境与人类社会经济系统相互依存的关系，大自然为人类持续性地提供能量与物质，才能确保人类社会经济系统运行处于可持续性状态；与此同时，以人为中心的社会经济发展系统又需要从科学认知资源环境价值及高效利用资源方面来规范人类行为，以促进整体系统的可持续发展。对于两者的关系，有学者以能量为共同尺度对世界有限的资源与能量系统进行定量研究，但是这种方法仅仅适合同一类型的能量分析。不同类型的能量的来源不同，就存在着质与价值的根本差别，如煤燃烧和发电都同样产生1J能量，但是这两个1J能量是不可比较的，这种"不可比较性"使得作为有机统一体的资源环境与社会经济系统的可持续发展定量研究陷入僵局。针对不同类别、不同性质来源的能量具有不同能质，不能直接进行对比和数量加减运算的实际情况，美国著名生态学家 Odum 提出用"太阳能值"作为度量尺度，突破了传统能量分析方法中存在的不同能质间核算的壁垒，从而解决了人类社会经济系统中自然流(资源流)、货币流、人口流、信息流、资金流等能流(或生态流)的统一量纲问题，用"能值"将资源环境系统和社会经济系统有机地统一起来，为区域可持续性发展的定量评价中基础数据的量化及理解两大系统的关联提供了一种全新的视角。

　　2)区域差异与城乡统筹

　　区域差异是永远存在的，要建设具有地区特色的人居环境[1]。当前我国正处于城镇化和工业化的快速发展阶段，经济活动空间加快集聚。但由于各个地区的区位不同，资源禀赋有异，历史积累的差别和国家政策倾斜等多重因素的影响，导致区域可持续发展的空间差异明显，这已成为目前实施区域可持续发展战略必须面临的重大现实问题之一。区域发展空间差异的存在对整个区域或国家的发展利弊兼有。适度的区域发展差异会积极推动区域社会经济发展；相反地，过度的区域发展差异，则是造成区域之间利益矛盾冲突与环境资源损毁等不可持续现象的重要原因[12]。这种差异使得区域空间呈现出不同的结构功能特征，因而，在空间发展战略上体现出不同的逻辑思路。所以，必须加强区域可持续发展空间差异(不平衡性)的科学研究，才能制定出有利于不同区域协调发展的政策。

区域的协调发展目标在广大的中国西部城市地区又是一个复杂的课题，其内部存在着经济形式(城市经济与农村经济)和空间景观(城市与乡村)的显著差异，因此，是践行当前国家新型城镇化战略推进的"区域协调、城乡统筹与一体化"战略的重点地区，体现了当前新常态下的中国经济的目标导向。本书研究的绵阳市就是一个社会经济发展极度不平衡的区域，该市的县及县级市均属于社会经济不发达的农村地区，是三农问题(农业、农民和农村)共存的集聚区；同时，这些县与县之间在自然、社会和经济方面也存在着明显的区域差异性和发展不平衡性。随着绵阳市在四川省制定多点、多级支撑发展战略的重要地位以及建立"成德绵"同城化发展的区域空间格局工作的推进，对区域内部不同地区必然会带来不同的发展机遇，这种状况势必会不断扩大不平衡(或差距)的态势。因此，统筹区域可持续发展，及时发现不可持续性因素，达到预警功能，对绵阳市制定可持续发展战略具有深远的意义。

综上所述，针对当前地域性的资源环境危机及区域空间发展不平衡的现状，急需一套方法来衡量一个具体区域是否处于可持续发展状态、存在的制约性因素有哪些、如何取得区域协调发展。有学者[13]认为，建立区域可持续发展评价指标体系是对区域可持续发展状况作出诊断的基础。原因在于认识和评价各个空间层次(全球、国家、地区等)的可持续发展需要定量的比较，而对一个贯彻可持续发展观的具体区域而言，如果没有一套有效的评价指标，就无法客观量度实施效果。因此，建构可持续发展评价模式已成为区域可持续发展研究中的一个热点问题[14]。采用能值分析方法，建构区域可持续发展的能值评价理论框架，利用该框架展开对绵阳市区域人居环境可持续发展的定量研究及制定相应的对策措施，是本书研究的主要方向。

1.2　研究目的与意义

1)研究目的

建构基于能值理论的区域人居环境可持续发展评价方法与评价模型；建立区域系统能值流数据库，研究其能值结构；揭示区域空间差异状况及其成因；制定区域可持续发展的协调发展对策措施，为区域空间可持续发展战略提供理论与技术支持。

2）研究意义

区域可持续发展评价问题是可持续发展研究中的关键性问题，具有重要的理论和实践意义。

第一，理论上，成果将丰富和发展区域可持续发展研究的理论和方法。用能值作为共同尺度以解决资源环境要素与社会经济要素量纲不统一的问题，为区域可持续发展定量研究提供了一种新的方法。同时，以区域可持续发展基本理论为基础，搭建区域可持续发展的能值评价指标体系和调控策略，拓展了能值理论的应用范围，在理论和方法上取得创新，具有重要的学术价值。所有这些，都有助于可持续发展理论体系的丰富和完善。

第二，实践上，研究成果对于区域可持续发展战略的制定和实施具有重要应用价值。当前绵阳市正面临工业化和城镇化过程中一系列的问题与挑战，同时还肩负着在新一轮竞争中，彰显城市竞争力和统筹城乡协调发展，实现城市整体效益提升的历史重任。如何合理评价绵阳市生态经济系统投入及产出效益、资源及环境状况、市域各县市区的差异和优劣度，客观评价绵阳市的可持续发展水平，怎样提高可持续发展水平是迫切需要解决的问题，也是本书研究的出发点与落脚点。通过对绵阳市生态经济系统的能值指标的研究，剖析该系统的结构功能特征、运行效率、环境负荷以及区域内不同地区间差异形成的内因；揭示该系统能值演变的发展态势；客观评价系统可持续发展空间差异，从而制定差异性的空间发展策略，为规划及管理决策的拟定提供参考依据。

1.3　研究内容

1）基于能值理论的区域可持续发展研究理论框架

从组成区域系统要素的层面入手，解析自然环境系统与社会经济系统的耦合关系及运行机制；从能量与空间的对应关系中探寻区域空间演化的特征；选取一系列反映系统生态环境与社会经济特征和效率的能值指标，建立区域可持续发展的能值评价指标体系及评价模型。

2）系统能值流数据库建构

研究区域能值流数据库结构与基本特征。在对系统各生态流（能流、物流、货币流和人口流等）的基础数据整理分析的基础上，绘制表示系统输入输出的能量系统图，以体现系统主要能量来源、基本结构、系统内外相互关系及主要生态流方向。

区域系统能值结构分析，定量测度各类生态流的能值数据，分析历年数据变化以及对系统总能值的贡献，以便把握生态经济系统组成要素的结构特质及演变过程。

3) 系统能值指标分析及空间差异研究

根据系统能值流数据库建构的能值流数据，计算能值指标，进行能值指标分析及空间差异研究。

(1) 纵向上(2005～2013 年)，以区域为研究对象，分析区域能值指标动态变化，同时与其他国家或地区进行比较讨论，从宏观上把握系统运行状态、资源利用效率、环境负荷、限制因子等，为制定出正确可行的社会经济可持续发展战略指明方向。

(2) 横向上，以各县、市、区为研究对象，基于能值理论与空间分析技术，从地理学的视角上，重点探讨 2013 年各能值指标空间格局分布差异、规律与特征，从总体上把握区域内部各县、市、区的自然本底特征、社会经济发展水平差异、资源开发利用强度、环境压力大小及空间发展方向。

(3) 基于(2)的成果及其他相关研究，首先依据各行政区系统的发展趋势和特征进行重新归类，将区域划分成不同的基本区域，然后分析不同基本区域的能值结构，重点探讨能值指标空间差异及动力机制，进一步认识各地区的优势和劣势，以便制定差异性的空间发展策略。

4) 区域系统可持续发展水平研究

利用可持续性能值指标分别从纵向上(2005～2013 年)研究系统可持续发展演变态势，以 2013 年数据研究可持续性能值指标的空间格局，揭示空间分布差异的形成机制。通过能值的绿色 GDP 核算方法来反映资源环境成本在国民经济核算中的比重，进一步从环境资源耗费与经济增长关系的角度判断系统的可持续发展状态。

通过以上的研究制定出促进系统稳定、协调、高效发展的区域可持续发展政策和措施，以促进所有区域可持续发展目标的实现。

2 相关概念及研究进展

2.1 相 关 概 念

区域人居环境可持续发展的内涵既具有可持续发展的普遍性，又具有其自身的特殊性。因此，有必要在研究区域人居环境可持续发展时，对区域、区域人居环境、区域人居环境系统以及区域人居环境可持续发展的概念进行解释，使区域可持续发展有关问题的研究前提更清晰，目的更明确。

2.1.1 区域人居环境

"区域"在《简明不列颠百科全书》中被定义为"地球上自然因素、人文因素、环境因素有内聚力和同质性特征的特定地域"，是一个空间的概念。吴良镛院士在其建立的人居环境科学理论中明确了区域尺度的人居环境研究的重要意义[1]，国家住房和城乡建设部人事司司长江小群认为："区域是创建和营造良好人居环境的背景和基础"[15]。从区域城镇化空间的范畴来看，区域人居环境可被界定为由一个城市及城镇或多个城市及城镇为中心以及腹地范围所形成的有职能分工、有等级之分的城镇群体空间(即城镇体系)。从城乡关系来看，区域人居环境建设要促进城乡协调发展，处理好城市与区域的关系，在更广的地域范围内协调区域资源的综合开发利用。吴良镛在其《区域规划与人居环境》一文中对长江三角洲和京津冀的学术研究探索进行了总结，发现区域人居环境的研究内容是因"地"而异的，要统筹发展的问题是不同的。

从实践的角度来看，本书将绵阳市域及其内部各县市的行政区作为评价研究的范围。作为西部内陆城市区域，绵阳市共辖两区(涪城区和游仙区，即中心城区)六县一市(江油市)，具有整体区域城乡空间发展失衡，中心城区的集聚力不强，拉动市域经济发展能力有限的特点。人居环境建设用地多分布于中部，形成了"中部强南北弱，平原强山区弱"的发展格局。市域内部系统要素特色突出，地域性较强，北部山区生态环境脆弱；南部农业资源丰富，但农业现代化水平不高；中心城区虽然科研机构及科研人才集中，但是地方根植性不高。因此，本书的区域人居环境可被定义为协调系统人口、资源、环境、经济、科技等要素的关

---

①吴良镛院士在其人居环境科学研究基本框架里指出，人居环境研究包括五大层次，即全球、区域、城市、社区和建筑。

系，促进区域(空间)可持续发展的地域范围。

2.1.2 区域人居环境系统

区域人居环境系统无论尺度大小，其构成要素(子系统)都是由生态系统和经济系统组成，或表述为由自然环境系统和人类社会经济系统共同构建成的区域生态-经济系统(或环境-经济系统)。该系统总是依托一定的空间而存在，其中人类社会经济系统内部的物质、能量、人口、信息等要素高度地集中在区域各级城镇中心(或建成环境集中区或人类集聚区)。

1) 自然环境系统

自然环境为人类的生产生活及具体的建设活动提供了空间和载体。自然(资源)环境对实施区域系统可持续发展发挥了两方面的作用。

第一，环境提供了区域内部人类生产活动和生活活动不可缺少的各种自然资源。自然资源是天然的、可以为人类利用的物质与能量，是人类得以生存的物质根基、生产资料和劳动加工的对象。具体而言，自然资源主要是指太阳光能，水力、风力等能源，核能资源，土壤资源，矿物资源，化石能源资源等。资源有不可枯竭资源和可枯竭资源两大类型。不可枯竭资源，如太阳能、风力、潮汐、水力、海洋热能等，是地球、太阳及其他星球间相互作用、不断运动所产生的永不枯竭的资源。可枯竭资源包括可更新资源与不可更新资源两类；可更新资源虽具备更新能力，但再生速度有限，若开发利用时超过它自身的限度，就会迅速枯竭(如动植物、微生物、土壤等)；不可更新资源主要指化石能源、矿物等。化石能源(石油、天然气)、矿物(煤、铁)的开发利用方式关系到区域可持续发展。人类合理利用资源要依据各类资源特性而定。各区域资源存在着种类、可开发的数量及质量，以及时空组合特征上的差异，相应地就决定了区域产业结构形式以及区域发展模式。资源开发从正、反两面改变环境，开发得当则带动地方社会经济良性发展，开发不当则造成环境破坏和生态退化。

第二，环境能消纳人类经济活动产生的废弃物。环境是人类赖以生存的基础，它既为人类社会经济活动提供资源，还能借助于各种物理、化学、生物反应等方式来消纳、转化人类经济行为活动中产生的"三废"产物，发挥着环境的自净功能。但是作为以人工为主的城市生态经济系统而言，其物质循环和能量流动在规模和速度上是远远超过自然环境生态系统的。当前的环境污染问题往往都是人类不合理使用资源造成的，当造成污染的物质总量或浓度超过环境自净能力，就会打破生态环境系统平衡，引发环境灾害。所以，环境虽然能承担人类活动产生的副产品，但是必须控制在一定的容量范围内，特别是人居环境集聚区更要通过控制人口增长、改善消费结构、提高资源利用效率等手段来最大化地降低对环境的损害。

　　环境不是独立的个体，它与区域系统组成的人口要素、资源要素、经济要素、科技要素等紧密相连。环境与人口的协调发展关系到区域环境质量，若人居环境集聚区系统的人口无限制膨胀，会加大社会经济需求负荷，一旦突破人口环境容量，则会加剧环境污染和弱化环境自调功能，使区域生态环境系统陷入恶性循环的境地。若要保护环境就须合理开发、利用区域各种自然资源，以便满足人类生产生活所需，同时又为改善环境质量奠定物质基础；反之，破坏和浪费自然资源必将导致环境恶化。环境与经济须维持协调发展的关系，其原因在于，一方面保护环境是经济发展的前置条件，环境为经济系统源源不断地供给生产资料，提供生产所需的物质与能量，促使社会经济财富增长；另一方面，只有经济财富积累到一定的程度时，社会才能提供人力、物力、财力和技术来治理环境污染，促进生态环境系统的良性循环。一切环境危机都依赖科学技术进步来解决。

2) 社会经济系统

　　人居环境的核心要素是"人"，一切的发展要以人为本。社会经济系统可分解为社会系统和经济系统。其中，社会系统以人口为中心，是组成社会的结构功能要素的总和，目的是要满足居民的居住、工作、交通、游憩、医疗健康、教育机会等生活需求，同时又为经济发展系统提供劳动力资源和智力资源，是人口和生活消费高度集中的系统。经济系统以资源流动为纽带，有机地将区域系统的工农业、建筑业、交通业、金融贸易、科技信息等子系统串接起来，实现了物质在特定空间的高密度运转(从分散向集中)，以及能量的高强度集聚(从低质向高质)。

　　社会经济系统是一个耗散结构系统，必须持续地与外界进行物质、能量交换，是一个典型的开放系统。一方面表现为社会经济系统对外部系统的高强度依赖。系统必须从外部输入大量能源和物质，经过加工处理变成供本地居民使用的产品形态。系统人口规模越大，经济越发达，从外界系统输入的物质类型和数量就越多，能源和物质的转化能力也越强。除了能源和物质与外界系统产生联系以外，社会经济系统也不同程度地需要外部的人力、财力、科技信息的注入。但能源与物质对外部系统的需求在系统运行中占主导。另一方面，表现为社会经济系统对外部系统的输出。作为区域中心的城镇集中聚居区除了作为人类生存空间的功能以外，还充当着人类社会经济活动的载体，推动着人类社会经济的发展。城镇对外部购入的能源与物质进行加工，所产出的商品一部分供本区域城镇居民消费使用，而其中大部分被改造成了外部系统需要的新型能源和物质。高度发达的社会经济系统还要将其人力、财力、科技信息等资源向外部系统输出。除了以上正效应的输出扩散以外，系统还要向外部系统输出生产生活的副产品——废弃物，且数量庞大，考验着社会经济系统的运行效率和可持续发展能力。

3）自然环境系统与社会经济系统的关系

自然环境系统和社会经济系统是一个耦合系统，前者为后者的发展提供自然资源和较好的生态环境空间，促使经济系统不断产出人类所需的物质商品，所以自然环境系统是社会经济发展的基础。与此同时，社会经济系统的生产生活活动在向自然环境系统排出废弃物的同时，也为自然环境系统的合理开发利用提供技术与物质保障。

自然环境系统和社会经济系统又是一个相互制约的系统。随着人口的增长，社会消费需要增长，社会经济系统需要不断从自然环境系统中补充物质和能量，用以扩大生产规模，推动经济增长，提高居民的生活质量。但是不能打破自然环境系统的平衡，如果作为经济活动主体的人类无限度地扩大资源开发，则必然遭受生态危机。因此，两者都要发挥自我调节功能以维持系统平衡，从根本上协调好供给和需求的矛盾。

2.1.3 区域人居环境系统的可持续发展

可持续发展思想是全人类追求的共同目标，也是当前多个学科共同关注的前沿领域之一。可持续发展在基本概念上是抽象的，要将其理论精髓转换为指导人类活动的行动纲领，就要研究具体区域的人居环境系统可持续发展状况。到底什么是区域可持续发展？当前由于各个国家的国情不同，区域可持续发展研究尚处于不同的阶段，因此还没有较为规范的定义或阐释[16]。

魏一鸣等[16]认为，区域可持续发展不仅是一种发展模式，也是人类发展的目标，可持续发展的核心就是要维持人口子系统、资源子系统、环境子系统与经济子系统间的动态协调发展。毛汉英[17]认为，区域可持续发展是指不同空间尺度的区域在较长一段时期内，人口、社会、经济、资源与生态环境之间保持和谐、高效、优化、有序的发展，即在确保其经济和社会获得稳定增长的同时，谋求人口增长得到有效地控制，自然资源得到合理地开发利用，生态环境保持良性循环等；吴超等[18]认为，区域可持续发展是指人口、社会、经济、资源、环境等各个子系统之间的功能互补、相互促进，从而使区域整体利益向最大化发展；方创琳[19]认为，区域可持续发展是以保护区域自然生态环境为基础，以激励区域经济增长为条件，以改善区域内部人类生活质量为目的的发展模式和战略目标；徐向东等[20]认为，区域可持续发展是以实现人的全面发展为目的，通过区域内经济、社会、生态子系统及其内部各元素间的相互协作和相互促进，从而形成区域整体发展的良性循环；申玉铭等[21]认为，区域可持续发展是一个牵扯到自然、经济、社会 3 个子系统组成的动态、开放复杂系统；李利锋等[22]认为，区域可持续发展系统是由自然环境支撑子系统和人类社会发展子系统构成，是一个以人为本、复杂的自然-经济-社会复合生态系统，人口-资源-环境-发展(PRED)的系统。还有学者认为，在区域可持续发展系统中经济可持续发展是基础，生态可持续发展是条件，科技可持续发展是动力，社会可持续发展才是目的。

以上对区域可持续发展的定义试图从组成系统的人口、自然、经济、社会、环境等"微观"要素来描述系统内部及各个子系统之间的相互作用机制。与这种深入系统"微观"角度定义相对的，便是牛文元等[23]从"宏观"对区域可持续发展的理解，他们认为，区域可持续发展包括"时间上的可持续发展(人均水平的世代保持)"，"空间上的可持续发展(地理空间趋向均衡)"和"资源管理上的可持续发展(区域资源的互补及优化配置)"，是区域在时间和空间上可持续的延续。这两种角度贯穿在本书中，互为支撑。本书的区域人居环境可持续发展研究试图从"微观"角度来辨析系统内部构成要素的结构功能形式及作用机制(本内容对应了3.1节的内容)，从"宏观"角度提供了解析区域可持续发展的时空演化规律的主线，同时，两者对应了本书的重点内容。

2.2   区域可持续发展评价的研究进展

区域尺度的人居环境可持续发展研究是建筑规划学家吴良镛院士创建的人居环境科学衍生出的重要课题，并且在他的广义建筑学理论中又指出要提倡建立一个多学科交叉的人居环境科学学科，其目标就是在探讨人与环境之间相互关系的基础上来促进建设可持续发展的居住环境。可持续发展思想萌芽于1950年后部分专家对资源利用和环境保护的研究中，1987年可持续发展的概念出现在由世界环境与发展委员会(WCED)发表的《我们共同的未来》中，自1992年召开的联合国环境与发展大会以后，可持续发展思想被诸多国家视为指导其发展的国策。

针对实施可持续发展战略的具体区域而言，如果缺乏可持续发展评价模式，就无法用有效的指标对其实施的效果进行客观的测度。通过文献统计发现，国内外学者从不同指标类型(单指标和指标体系)、不同学科(建筑规划学、社会学、生态学和经济学)形成了可持续发展的评价方法[24,25]。

2.2.1   国外可持续发展评价研究进展

国外研究成果涵盖了较多学科。

1)经济学中对传统核算体系的修正

传统国内生产总值(GDP)忽略了经济增长中对资源耗费及环境污染代价的价值核算，以及社会因素的考量。所以，国际上陆续产生了一系列全面反映社会经济可持续发展水平的指标，是对传统国民财富总值的修正。具有代表性的有 1989 年提出的可持续经济福利指标(index of sustainable economic wealth，ISEW)[26,27]，该指标考虑了失业、犯罪、财富分配不均等社会问题带来的成本损失。之后，在 1995 年又提出了真实发展指数(GPI，Genuine Progress Indicator)[28, 30]，该指标纳入了市场和非市场活动的价值，包括社会、经济和环境三个账户，扩展了传统的国民经济核算框架。吸收资源核算理论中对自然资源损耗价值和环境污染价值的认定的指标——环境与经济核算体系(System of Environment al-Economic Accounting，SEEA)[31, 35]在吸收了各种核算体系优点的基础上，将资源环境实物核算与经济货币核算连接起来，调整传统国民经济账户指标，但对环境的一些重要非市场价值评估仍属空白[36]，它适宜区域对比和宏观分析，可以反映区域可持续发展的趋势，促使可持续发展进入实践领域。以上的方法提供了全面反映社会经济、资源环境的量化工具，但是把经济、社会、人口、科技、环境等要素纳入核算体系中，实现真正意义上的综合核算还有待于方法的进一步发展。

2) 社会类的人类发展指数

人类发展指标(human development index，HDI)由联合国开发计划署(UNDP)于 1990 年发布[37, 38]，用预期寿命、教育水准和反映生活质量的人均GDP3 个基础变量经过计算得到的综合指标，来衡量各国社会经济发展程度。该方法没有考虑到发展对自然资源的损耗和对环境状况的影响，针对的是过高阶段的可持续发展评价，使得应用范围受到限制。

3) 生态学角度的研究方法

生态学方法中常见的是生态足迹法和能值分析法。生态足迹或生态占用(ecological footprint)模型由加拿大著名生态经济学家Rees[39]教授于1992年提出，它表示能够持续地为人类提供所需的资源或吸纳人类活动产生的废弃物所需要的、具有生物生产力的地域空间面积(biologically productive areas)。该模型还包括生态承载力(ecological capacity，EC)和生态赤字(或盈余)两个指标。当生态承载力大于生态足迹，系统表现为生态盈余，则人类社会经济发展处于可持续状态，反之，则处于不可持续的范围内。David Browne 等以爱尔兰城市区域为例，用能量流核算、能量流代谢率及生态足迹来测算城市可持续性。但是生态足迹法属于静态模型，难以完整反映系统可持续性状态，且单一使用该方法常会得出发达地区比落后贫困地区的可持续性弱的结论，这与可持续发展理念的基本原则背道而驰。

能值分析法于 20 世纪 80 年代由美国著名的生态学家 Odum 提出，并由国内留美学者蓝盛芳引入中国。与生态足迹模型的差异在于，能值理论多采用一系列能值指标对农业系统、区域(国家、省)与城市等进行现状评价。但是作为一个前沿的分析手段，对区域可持续发展的定量研究及其指导区域空间发展的指导性还较弱，特别是可持续性评价方面有待于进行深入研究。该方法可使不同类型和不同性质的能量直接进行加和计算，突破了自然生态系统和人类社会经济系统可以量化的瓶颈问题，使得其在度量区域系统可持续发展能力方面更具有优势。正是如此，该方法弥补了传统生态足迹模型的研究缺陷，出现了将两者结合起来的研究方法，如 Zhao 等[40]将能值分析与传统的生态足迹计算相结合对江苏省进行实证研究，得到的结论与单独使用其中一种方法得出的结论一致，随后，在 2010 年有学者指出其研究的缺陷，并试图吸收能值和生态足迹研究的优点，提出了能值、生态足迹相结合的新方法[41]。

4) 系统学方法——评价指标体系

在区域可持续发展评价中，系统学方法最关键的就是选取反映系统自然、经济、社会、资源环境、人口等典型指标来预测或解释发展的可持续性能力，力图探究区域这一复杂巨系统内部运行机制，因而得到各学科研究学者的广泛关注。通过这样的方式，一方面汇聚了反映系统实际现状和发展态势的基础数据；另一方面，用各指标之间的逻辑关系来反映系统各因子之间的内在联系，为评价对象进行评价、预警提供依据。指标体系的建立首先要对评价对象的有关信息加以综合与集成，限定在一定的研究理论框架内，只有这样，才能架构一个层次清晰、符合逻辑关系的有机体。

已建立并得到国内外学者广泛使用的是基于联合国可持续发展委员会(CSD) 提出的压力-状态-响应(pressure-state-response，PSR) 概念框架建立的评价指标体系[42,43]。其中，压力可在一定程度上反映人类社会经济系统对生态环境的胁迫，是造成生态问题的原因；状态是用来描述系统发展的状况，是人类活动或行为引起自然环境状态的改变；响应则是人类社会为克服状态改变而制定的政策措施。之后，一些学者根据研究的需要对 PSR 的概念框架进行了变形与发展，即"压力(pressure)-状态(state)-影响(impact)-响应(response)框架"(简称 PSIR)，以及"驱动力(driving force)-状态(state)-影响(response)框架"(简称 DFSR) 两种形式[44]。

根据 PSR 理论框架构建的可持续发展指标体系的重要目的就是要将自然、经济、社会、资源环境等系统组成要素有机地结合成一个整体。该指标体系适用于国家、大洲甚至全球的空间尺度，共计 150 多个指标，涵盖了社会、经济、生态环境和制度 4 个侧面的内容。该指标体系的理论基础和实用价值较强，指标量多而全面，需要根据研究对象的实际情况进行简化处理，以规避各指标之间存在的重复信息的风险。同时，缺乏筛选评价指标的科学方法，评价标准尚需制定，难以做出系统是否处于可持续发展的结论。相似的还有英国、美国建立的指标体系。英国将社区作为评价的核心，建立的可持续发展指标体系包括 13 个主题、146 个指标。美国的可持续发展目标及指标体系由 60 多个指标组成，主要覆盖了经济、社会和环境 3 大领域。

加拿大国家环境-经济圆桌会议(NRTEE)开发了一种全新的指标体系来评价可持续发展,该方法运用系统的思想和整体性的观点来分析可持续性问题,将人类社会系统与自然生态环境系统放在同等位置。NRTEE方法强调4点内容:①生态系统状况是否健康和完整;②人类福利、自然、经济、社会及文化等的评估;③人类与生态系统两者间的关联;④前面3者间的耦合关系。该方法开发的指标多用于评价人类系统和生态系统,而不足之处在于较少涉及两系统之间关系的指标;指标庞大(仅生态系统的指标就共计245个),加大了数据获取的难度,尤其是在一些生态监测水平低的区域。

除了以上的可持续发展指标体系之外,不同区域对可持续发展评价指标体系也展开了研究,如新西兰玛努卡市、欧洲城市和美国西雅图社区分别建立了可持续发展评价指标体系[45]。新西兰玛努卡市从社会、经济和环境3方面建立城市可持续发展评价指标体系,7个方面的具体指标都与高密度的生存环境空间相关。美国西雅图市有效地将经济、社会发展、文化与环境结合起来,包括了32个具体指标。欧洲城市建立的可持续发展评价指标体系具有与政策结合紧密,能不断反映城市发展的关键问题的特征。

2.2.2 国内可持续发展评价研究进展

1992年由联合国环境与发展大会通过的《21世纪议程》是世界范围的可持续发展的行动纲领,之后,在1994年中国政府制定并通过了《中国21世纪议程》,积极响应这项国际行动。1997年中国可持续发展研究课题组基于已有的统计资料,选择了82个指标来构建中国可持续发展评价指标体系,分别归属于人口、资源、环境、社会、经济、教育与科技6个子系统。在此框架下,对我国7年间(1990~1996年)可持续发展的总体态势进行综合评价,最后得出中国可持续发展状态为"亚健康态"的结论。但是,该指标体系同样存在着指标数量多、指标选择难、权重分配不合理以及数据获取困难等方面的诸多缺陷,使得评价结论并未得到社会各界的普遍认同。

除了国家层面的可持续发展评价研究之外,还有省、市和县层面的研究。毛汉英[46]从经济增长、资源环境支持、社会进步和可持续发展能力4个方面选取相应的指标建立山东省可持续发展评价指标体系。李锋等[47]从经济、生态、环境保护和社会进步4个方面选取45个指标建立山东省济宁市可持续发展评价指标体系。国家软科学可持续发展小组对云南省提出的可持续发展指标体系,由3个层次(省级、市级和县级)3个系统(社会经济及人口发展度、环境容量和资源承载力)构成[48]。马彩虹[49]和程全国等[50]采用生态学方法分别对宁夏西吉县和辽宁省法库县进行可持续发展评价。

针对当前人居环境建设中的实际问题,一些建筑规划学者也进行了探索,如吴良镛[51]提出借鉴中国传统人居环境理论开展城市设计的思路；陈秉钊[52]从经济、社会、环境、城镇建设等方面对人居环境可持续发展进行了研究；吴志强[53]从构建人居环境可持续发展评价指标体系角度开展了有益的探索；宁越敏等[54]对大都市人居环境评价及优化方法进行了研究；陈浮[55]从满意度角度开展了人居环境评价研究；刘颂等[56]在城市环境综合评价的基础上提出了人居环境可持续发展评价指标体系；周波[57]针对城市次生人居环境问题，提出要坚持可持续发展道路。在研究地域方面，黄光宇[58]对山地人居环境建设可持续发展进行了初步研究；赵万民[59]对三峡库区人居环境建设进行了较系统研究与长期跟踪。建筑规划学科事实上囊括了社会、经济、生态等多个学科的知识，但主要是从物质空间发展的角度来探讨系统的可持续发展问题，并没有全方位触及系统机理本身，因此其研究成果有一定的局限性。

前文从国内外区域可持续发展评价的进展方面进行梳理，从中得到以下结论：

(1)建筑规划类的学者力图用交叉学科来进行系统可持续发展研究，其目的是使制定的"规划蓝图"能指导人居环境建设，但是受学科的局限，其落实的"实体"空间与系统的其他组成要素的关联耦合度还有待深入探讨。

(2)从研究的方法来看，社会-经济类方法多从单一领域衡量区域可持续发展，方法简单。但是环境指标偏描述，不利于全方位反映可持续发展的基本内涵，且难从机理上解释具体指标、评价结果与可持续性的关联，造成无法满足决策及公众参与需求，因而需不断拓展和完善方法体系。

生态方法突出自然生态系统在区域可持续发展中的作用，其选取的重要指标和贯穿的基本原则是确保环境保护与经济发展间的平衡，该方法将是若干年内用于区域复合系统综合评价的新生力量。

用系统学思维建立的评价指标体系在揭示区域系统可持续发展的运行机制方面是当之无愧的主流方法，其进一步的发展必须建立在对社会、经济、资源、环境子系统及其协调关系的深度研究上。

(3)大多数评价指标框架与指标体系实施困难，包括联合国可持续发展委员会 PSR 模型、英国和中国的多目标指标体系。这些大规模的评价指标体系一方面存在着数据获取困难及地域适应性差的特点，另一方面在管理与实践中可操作性难度系数大。本书深入到对系统结构功能分析，立足于区域实际基础统计资料来提取指标。

(4)评价指标缺乏共同的量纲，造成具体指标的区际对比困难。因此，本书在系统基础数据处理的初始阶段就用"能值"单位，确保了量纲一致。

(5)区域可持续发展评价是对特定地理空间的研究，要求研究成果能服务于物质空间的调控优化，然而从指标的空间统计分析特征入手，进行指标的空间划分，考察区域可持续发展指标的空间分异规律的研究成果较少[60]。本书将采取

GIS 的空间信息技术来为区域可持续发展评价提供新的思路，为可持续发展的监测、调控、规划与决策管理提供全面技术支持。

(6) 重视水平评价，较少涉及其他评价内容。现有研究多立足于对区域可持续发展现状或水平进行评价。解释区域可持续性发展趋势的依据不足，优化调控研究等均处于较薄弱的理论模型研究阶段。本书既着眼于区域可持续发展现状的评价，更要挖掘现状隐含的系统运行规律，发现区域发展瓶颈，为区域空间优化提供决策参考。

区域可持续发展定量研究方法的创新，一是要深度挖掘区域系统的结构与特性，丰富区域可持续发展理论；二是要注重多学科、多角度知识方法的融合来拓展定量评价研究的发展。

2.3 能值理论及其应用现状

20 世纪 80 年代，美国著名生态学家 Odum 贡献了其数年的研究结晶，即能值理论(energy theory)。在该理论中具有开创性的就是为生态经济系统内各种不同类别的物质和能量提供了一个转换度量单位——能值转换率(transformity)，从而架起了自然环境生态系统和社会经济系统间的关系桥梁，两者用"太阳能值"作为统一量纲，开启了更为科学合理的定量研究工作。

2.3.1 能值分析的基本原理

能值分析理论是一种重要的生态价值测度理论和生态经济评价方法。各种生态系统和复合生态系统的能值分析，包括生态经济系统(如农业生态经济系统、国家或地区生态经济系统)、社会－经济－自然复合生态系统(如城市复合生态系统)及各种生态工程系统的能值分析，均可得出一系列能值综合指标。这些指标把各种生态流(能流、物流、货币流、信息流、人口流或生物物种流等)在能值尺度上统一起来，综合反映了生态经济系统的结构、功能与效率，为正确处理人与自然资源、环境与经济的关系，走可持续发展的道路提供了认知路径。以下从能量与能值、能量分析与能值分析的异同来了解能值分析的基本概念和基本原理。

1) 能量与能值

能值(emergy)与能量不同。在实际研究中，衡量某一能量的能值用太阳能值表示，即任何流动或储存的能量所包含的太阳能(solar energy)之量即为该能量的太阳能值。太阳能值的单位为太阳能焦耳(solar emjoules, sej)。任何能量均来源于太阳能，故可用太阳能值来衡量任何种类的能量。能量用焦耳(J)或卡(cal)来度量其有效能(avaliable energy)。

在物理学中，能量通常定义为物体做功的能力。一根木头具有的能量与它所包含的能值是两个完全不同的概念。木头的能量是指它具有的可做功的有效潜能；木头的能值是指用于转换成木头的各种有效能(太阳能、雨水能和其他物质能)的总和，即形成木头过程中直接和间接应用(包含)的某种能量(如太阳能)的总量。

2) 能量分析与能值分析

能量分析就是研究系统功能运行过程中不断流动、转化的能量流。能值分析则是以能值为基准，衡量不同种类、不同等级、不可比较的能量的真实价值，从而可以计算出有统一量纲的系统的各能流、物流及其他能值流数据，并通过Odum 提供的运算公式得到一系列反映系统结构特征、功能特征和生态经济效益的能值综合指标。能值分析变革了常规能量分析的局限性，是研究理论和方法上的重大突破。为了进一步阐述能量与能值，能量分析与能值分析的区别，总结如表 2.1 所示。

表 2.1　　能量分析与能值分析的区别[61]

区别	能量分析	能值分析
运算方法	以往能量分析是简单地将各种性质和来源不同的能量均以能量单位进行比较和数量研究，但事实上有很大的差异	以太阳能值为共同的度量尺度，则可将各种能量进行相加和比较，使系统分析建立在同一基准上
自然贡献	能量分析通常忽略太阳能、雨水能等自然资源能量投入，分析结果未反映自然的作用和贡献，不能全面反映生态效益	能值分析不但分析系统内各组分之间的能值流，而且分析系统内外的能值交流；分析结果得出的综合能值指标体系，既反映生态效益，也体现经济效益，表明自然与人的作用和贡献
结构功能分析	由于能量不能表达和衡量人与自然、环境与经济的本质关系，故难以对生态经济系统(包括社会-经济-自然复合生态系统)进行分析	能值分析以能值为共同量纲，则可把自然生态系统与人类经济系统统一起来，定量分析系统的结构功能特征与动态变化
价值衡量	人类与自然界创造的所有财富均包含着能值，都具有价值。能量则不可能用于衡量自然和经济的价值	能值是财富实质性的一种反映，是客观价值的一种表达；自然资源、商品、劳务和科技信息均可以用能值衡量其固有的真实价值，评价它们的贡献

2.3.2　能值理论的应用现状

能值理论及其分析方法是由美国著名生态学家、系统能量分析先驱 Odum 于20 世纪 80 年代综合系统生态学、能量分析理论和生态经济原理创立的[61]，该方法从定量角度衡量系统自然与人类社会经济的真实价值，有助于正确分析自然与人类、环境资源与社会经济的价值和相互关系，有助于全球可持续发展战略，因此，能值分析理论和方法备受国际生态学界和经济学界及政府决策者的关注。许多国家的生态学家、经济学家和系统学家投入到能值研究和讨论，发表了不少论文及著作，使得该理论、方法与应用研究在不断发展和完善之中。因为能值理论和分析方法是以客观的科学观点分析自然资源和世界经济财富，对可持续发展有利，因此得到国内外学者的关注。中国开展能值分析研究始于 1989 年留美学者蓝盛芳在美国佛罗里达大学直接与 Odum 的合作研究，她参与了美国 NSF 有关项目和能值专著编写工作。1992 年蓝盛芳首次把能值理论、方法和有关研究介绍到中国，同年在北京出版了涉及能值分析的《能量、环境与经济——系统分析导引》一书，此书由 Odum 著，由蓝盛芳译。

经过多年的理论摸索及实践验证，能值理论已经形成了丰厚的成果，现从能值理论的研究对象、能值理论的可持续发展研究，以及能值理论与空间发展研究三个方面进行总结。

1）能值理论的研究对象

Ulgiati 等[62]从能值角度探讨了生态系统的复杂性。用能值理论进行的系统评价的对象较多，农业生态系统应用较为广泛，Ulgiati 等[63]于 1992 年对意大利农业系统进行了环境压力和可持续性开展的能值评价，Ferraro 等[64]用能值综合法对阿根廷 1984~2010 年农业生态系统的可持续性进行了评价。中国学者胡晓辉等[65]与王千等[66]分别对农业生态系统和耕地的能值指标空间差异进行了研究，张洁瑕等[67]采用能值模型对黄淮海平原农业生态系统的演替及其可持续性进行了能值评估。中国台湾学者 Lin 等[68]创造性地将驱动-压力-状态-响应模型（DPSIR）和能值空间综合分析相结合，针对城市化推动下的居住和商业用地对农业耕作用地的占用导致的台湾高海拔地区农业生产系统的环境影响问题进行了研究。

由于能值理论能体现城市生态系统中不同类型生态流间的相互作用关系，因此被用于城市研究，如将台北划分成了 4 大城市经济系统，即农业区、郊区产业、城市都市区和资源生产区，并指出这 4 大系统对应了台湾空间能量等级[69]。Ascione 等[70]对意大利罗马城市发展的环境驱动力进行能值评价。中国学者用能值理论在国内外期刊上发表的城市生态系统健康评价的成果较多[71~74]。李心如等[75]利用能值分析方法分析了 2013 年烟台市生态经济系统的能值流动状况，并提出了相应的能值利用调控对策，此类研究成果颇多[76~80]。

产业发展方面，如对生态工业园区整体生态经济效益的评价[81]；张芸等[82]将能值分析理论与方法引入钢铁工业园区的可持续性评价，在对钢铁工业园区的能流、物流、货币流进行定量分析和评价的基础上，从系统结构、功能、生态效率、经济效率和可持续发展指数 5 个方面建立了能值综合评价体系，定量分析钢铁工业园区的结构功能特征、生态经济效益和可持续发展能力；对老工业区再开发的可持续发展能值评价研究[83]；生态工业园区废水利用的能值模糊优化方法研究[84]。

对单个要素研究的成果也较多，如对自然生态系统的能值评价[85]；Yang 等[86]对中国经济进行了能值评价；能值理论在建筑方面的利用，有建筑材料循环使用及可持续问题研究[5,87~89]，建筑业生态效率评价[90,91]，工业建筑改造[92]和区域建筑能源规划[93]等。能源评价方面，张改景等[94]为定量分析各种可再生能源资源的真实价值，对可再生能源(主要包括太阳能光热利用系统、太阳能光伏发电系统、风力发电系统、地热发电系统和生物质能利用系统)的利用进行了评价。

土地利用方面，学者们也进行了相关研究探讨[95~97]，曹顺爱等[98]将能值理论与土地利用生态经济效益评价二者紧密结合，利用能值产出/投入、能值密度、土地环境负载指数、可持续发展指数等能值指标，并建立综合评价模型对土地利用结构调整的4个方案进行了综合评价。

同时，国内外学者对能值理论的应用范围进行了拓展，以物质代谢和生态足迹分析为代表。

由于物质代谢与能值研究都涉及系统物质的输入和输出的量化问题，部分学者从中找到了研究的契合点，出现了能值理论与物质代谢相结合的研究成果，如澳门物质代谢的能量能值分析[99]，厦门基于能值综合分析的城市物质代谢时空差异及可持续性评价[100]，北京市物质代谢的能值分析研究[101]，以及台湾学者黄书礼用能值理论分析台湾1981~2001年社会经济代谢情况[102]。国内期刊上也出现了较多用能值理论建立城市物质代谢指标体系的成果[103~110]。

为了弥补生态足迹方法的研究缺陷，一些学者提出了用能值方法来对其进行改进，如Siche等[111]对环境可持续指标、生态足迹和能值性能指标3个反映国家可持续发展的指标进行概念上的比较研究，认为这3个指标都需要改进，但是最终希望得到一个生态足迹和可更新能值指标相互补充的指标；Siche等[41]用生态足迹和能值分析选取秘鲁(国家尺度)的可持续性指标；Chen等[112]用能值足迹法对中国1981~2001年期间资源消费进行计算。

2) 能值理论的可持续发展研究

能值理论观认为，对人类社会经济和自然资源环境的评价应基于能值生产(emergy production)及其产出的正确应用，Ulgiati等[113]采用能值指标(如能值输出率)来评价资源利用效率及可持续性状况。应用能值工具来科学度量人类社会经济及生态资源环境，才有可能正确评判人类和自然生产过程，减少浪费和决策失误风险，实现可持续发展。而且该理论为可持续发展模式及策略制定、优化调整提供了一个量化方法[61]。Brown等[114]提出的能值可持续指标(emergy sustainable indics，ESI)与系统能值产出率(emergy yield ratio，EYR)、环境负载率(energy load ratio，ELR)两个指标相关，即ESI=EYR/ELR。作为一项综合评价指标，ESI初步弥补了能值理论在系统可持续发展方面的缺失，推进了系统能值可持续发展评价的理论及应用研究。之后，国内学者陆宏芳等[115]对能值可持续性指数(ESI)进行了修正，提出了可兼顾环境影响和经济效益，且评价系统可持续发展的新的能值综合评价指标(emergy index of sustainable development，EISD)，在相同的环境压力下，该指标能较好地评价不同系统结构在社会经济发展贡献方面的差异，以此掌握系统可持续发展能力上的异同点及其成因。陆宏芳等[116]剖析阐述了国际现行能值可持续指标中存在的不足之处，拓展构建了新的综合指标(SDI)，为能值分析与经济分析、物质分析的耦合研究跨出了重要的一步。

能值分析方法主要通过能值密度(energy density)、能值/货币比率(energy money ratio)、人均能值量(energy per capita)和环境负荷率(environment load ratio)等指标来衡量某一区域的环境、经济发展状况，辅之以能值转换率、能值货币价值等指标，该方法正被广泛地应用于区域可持续发展评价研究中，如对加拿大蒙特利尔岛的城市环境可持续性评价[117]；利用能值方法评价澳门 2004 年可持续性状况，研究中考虑到可持续性掺杂了社会、经济和生态因子，单一的指标并不能充分地测度可持续性，因此采用了净能值和净能值率两个概念[118]；Li 等[119]结合GIS 手段分别选取 2000 年、2005 年和 2009 年中国省级(除香港、澳门、台湾、西藏)生态经济系统能值进行计算以分析区域可持续发展状况，结果表明区域可持续发展存在着空间异质性特征，且根据区域发展水平和地方资源状况呈从东部到西部降低的趋势，提出要进行生态补偿、优化工业结构、控制人口和可持续生产消费的发展新模式；Lei 等[120]分别对澳门、意大利和瑞士的生态系统选取代表不同视角的能值指标来评价可持续发展水平，对社会经济发展可持续性进行能值指标对比监测研究；Lou 等[121]对中国广东省汕尾区域环境可持续发展的能值指标进行分析，结果表明该城市的生产消费模式是不可持续的，需要制定差异性的生活消费方式和环境策略。

考虑到当前人居环境建设带来的巨量的资源环境耗费对系统可持续发展的威胁，一些学者展开了研究。中国台湾学者黄书礼认为，一个城市的代谢可以被视为是传输物质和商品以维持城市经济活动的过程，因此以台北市为例，统计该城市在市政工程设施及建筑物修建等城市建设活动中输入输出的资源、物质流(沙石、水泥、沥青和建设废弃物)数据，建立能值指标体系，评价城市的可持续性状态[122]。

国内学者谭少华等[3,123]于 2008 年和 2009 年分别构建了人居环境建设可持续评价的能值指标和人居环境建设系统总价值的度量模型，并分别以重庆市为例展开实证研究，且研究成果多是从物质形态规划建设角度开展人居环境建设可持续评价研究。其所指导的研究生以重庆市人居环境建设为例形成了一系列研究成果，其中宋晓霞[124]运用能值分析理论，计算出重庆市 2002~2006 年人居环境建设系统的各种能值流，提出了系统相应的可持续发展能值指标；张欣慧[125]以人居环境建设中的基础设施为研究对象，运用能值分析方法，研究重庆市 1997~2010 年间基础设施的能值价值贡献趋势，分析随之带来的人居环境建设可持续性问题；张亚[126]以人居环境建设过程为评价对象，利用能值理论构建可持续性能值评价指标体系，分析研究区能值流时空变化格局，揭示系统可持续性变化特征，为同类型有重大建设项目地区的可持续发展能力评价提供参考；马杰[127]以重庆市域为实证研究对象，尝试运用能值分析方法，针对不同人居环境建设类型（即发展型、限制型和综合型）建立相应的评价指标，并探索可持续发展临界状态阈值，以此方法对重庆市1997～2011年进行了可持续发展状况评价，最后从规划及管理层面提出对策建议。

3）能值理论与区域空间发展的研究

城市是区域、国家甚至国际经济发展的"引擎"，是人口、经济、社会、生产消费的集聚体，同时，城市的空间扩张及与之休戚相关的社会经济活动又受到资源环境的制约。从生态经济学的观点来看，这一切都依赖于城市生态经济系统与外界一直存在着的物质、能量、商品服务等的供给关系，相应地又深深地影响着城市或区域的空间发展。针对这一命题，早期和现代的一些学者尝试用能源来研究城市空间①，但这种思路仅仅局限于自然资源环境中的单一要素对城市物质（实体）空间形态的影响，而缺少系统性的理论构建。只有打破人类社会经济系统（以城市或区域为对象的系统）和自然环境系统之间的"沟通"障碍，才能深入地认知城市的发展规律及发展路径，处理好与自然环境间的关系，最终达到可持续发展状态。作为衡量系统内各个要素对整体生态经济系统的贡献价值的尺度——"能量"被引入研究，而首位将能量与人类发展历史结合起来的是苏格兰生物学家帕特里克·盖迪斯（Patrick Geddes）②，它用能量流来研究城市的演进。之后，有学者用能量流来模拟城市的发展[128]。而将能值流与区域空间结合起来的能值理论的创始人Odum，他用能量流来研究佛罗里达州的城市等级。台湾学者黄书礼[69]的研究成果具有代表性，为了促进台湾城市的可持续发展，1998年发表的文章中用生态能量分析方法将台湾划分为4大不同功能属性和不同空间分布的城市生态经济系统，即农区聚居区、城郊工业区、城市都市区和资源生产区，并用能值指标来反映台湾4个时期（1960年、1970年、1980年和1990年）生态经济系统状态及演化过程。之后，在2001年发表的文章中，黄书礼等[129]运用能值理论结合GIS技术，用能值流和能值指标将台北大都市区划分成了6大区域，即功能混合的城市核心区、高密度城市居住区、服务业和制造业的城区、农业区、新开发郊区和自然区较好地与区域城市空间结构相对应，基于各区域在能量等级

---

① Owen在*Energy，Planning and Urban Form*（1986）中将能量用于研究城市，以城市空间结构和能源效率与节约能源之间的关系为研究的核心内容；国内学者于长明等（2013）和张坤（2015）分别探讨了新能源变革和能源危机下的城市空间形态研究。

②帕特里克·盖迪斯是西方区域综合研究和区域规划的创始人。盖迪斯从人类生态学的角度研究人和环境的关系以及决定现代城市成长和变化的动力。他的两部著作（《城市发展》《进化中的城市》）创造性地论证了城市与所在地区的内在联系，他提出：周密的分析地域环境的潜力和限度对于人类居住地不拘形式和地方经济的关系是城市规划的前提和基础。

方面的空间差异，提出了城市功能分区的定义，且成果进一步显示了能值分析方法能较好地指导区域内部不同单元间的横向差异。总之，以上的成果重视区域或城市中各生态经济系统的等级状态及与之对应的功能特性，但是缺少各系统的发展机制及各系统间的动态联系研究(这里的"系统"可对应不同功能的地理单元或区域中不同的行政区)。从宏观上来看，基于长期以来"农村哺育工业"的国策造成的城乡分化，区域空间发展不平衡等现象，需要在 "工业反哺农业"的社会经济发展背景下，调整区域空间关系；同时，区域中城镇又对应了不同的发展阶段(或不同能量等级)，因此重建、优化区域发展空间格局至关重要。本书沿用生态经济学的观点，将人类活动与空间环境视为一个有机整体，其组成要素包括各种人口流、物质流、能量流、信息流、资本流、技术流等，与产业、设施、资源、空间、环境等要素组成了相互联系的完整系统；而"能值"则是衡量这些组成要素真实价值的"尺度"，它为定量分析生态系统的组成、结构和功能，正确处理人与自然、环境与经济的关系开辟了新的科学领域[61]。对此，陆宏芳等[130]提出了城市功能流分析与空间结构分析的整合问题，并认为"能值功能流分析与空间景观分析技术的整合已成为城市生态系统能值综合研究的新热点和主要发展方向之一。这种功能分析与结构分析的整合对区域空间能量等级结构、区域发展的能量驱动机制的研究将起到直接的推动作用。"

本书认为，能值方法用于解决区域空间发展的优势如表 2.2 所示。

表 2.2　能值分析与区域空间研究的结合

区域空间研究的瓶颈	能值分析的优势
区域要素(资源环境要素和社会经济要素)无法统一"测度"，是造成定性分析为主的原因之一	用"太阳能值"来衡量和比较不同种类、等级的能量的真实价值(区域要素含有能量)，改变用市场货币的衡量方式，有利于将生态环境系统和社会经济系统有机地联系和统一起来，便于调节两者的关系，规范人类活动
区域要素之间的耦合关系缺乏研究	通过一系列能值指标(从要素数据计算而来)将区域要素进行整合，建立起系统"流"(区域要素)之间的关系
大多数研究都停留在从空间和形态本身出发来推导区域空间结构	能值分析从源头上界定了区域要素能量的等级差异性，便于用区域发展理论来研究系统的空间结构(本身就蕴含着差异)

资料来源：作者整理

综上所述，之前的研究成果还存在着一些不足，具体表现在：

(1)各国学者在利用能值理论进行研究的实证研究时，主要是对能值评价和能值指标分析进行大量研究，并针对不同的研究对象创造了各类评价指标体系，不断地丰富和发展能值的理论体系与方法论体系，但是缺少对研究对象运动规律的探讨，本书将从研究对象的基础层面(组成要素)入手展开讨论，以明晰其系统的运行机制。

(2)在研究对象的空间尺度上，目前还没有用能值分析方法系统地从"市域"层面及其内部各行政单元进行综合的可持续发展研究，这里"市域"空间代表了中国中西部最广大、最典型的"中心城区拉动能力弱，县域经济差，二元产业分化明显（工业和农业），市县联动差"的"市域空间"行政体。这些行政体承载着支撑地方、甚至国家发展战略的重任，因此要以可持续发展思路为指引，协调并高效利用社会、经济、自然等空间资源，为区域及其内部的空间优化、功能定位等物质空间建设提供技术支持，这也是本书选取绵阳市为例进行研究的原因。

（3）关于能值理论的可持续发展研究的成果很多，而将能值理论用来对人居环境建设进行可持续发展的成果并不多，以台湾学者黄书礼和重庆大学谭少华教授的成果最具有代表性。笔者认为，从生产者和消费者的角度来看，两位学者的人居环境建设是作为消费者而存在，实际上忽略了区域系统中最为典型的既是生产者又是消费者的产业经济发展的可持续性问题，且产业经济（尤其是第二产业）具有将人口、资源、环境、社会、经济、科技等要素或子系统高度聚拢在区域空间的功能。因此，本书在研究角度上将拓展局限于"建设"方面的资料，而用系统性、综合性的思维来研究可持续发展的问题。

2.4　能值理论对本研究的启示

"能值"作为连接自然环境与人类经济系统之间的桥梁，能够衡量整个自然界和人类社会经济系统各自对系统的贡献和地位，能够对资源环境与经济活动的真实价值及两者间相互关系进行定量分析，从而使得国家或地区能有效地调整生态环境与经济发展间的关系，明确资源环境对区域系统的贡献度以及可持续发展战略方针的制定，均具有宏观上的理论指导意义。但是在创造宜居的物质实体空间的建设实践中，如何利用能值方法来量化系统内各类要素（如人口、资源、能源、知识信息和科学技术）对可持续发展的真实价值贡献，如何有效地利用空间环境资源以及如何优化空间发展格局就显得较为薄弱了。

为此，本书研究需要从以下的思路中找到突破口：

（1）区域要素价值衡量标准要统一。能值和货币价值诉求对象不同，能值和货币都是价值的体现，但是前者更多地关注产品和服务的客观价值，却忽略了经济与社会发展的偏好与需求[131,132]，以生态为中心的能值评价和以人类为中心的经济学评估难以和谐。能值分析能给予更客观的信息，经济分析可反映人类的需要和价值。因此，两者需要抛弃目前相互妥协的联系，实行"强强"的"双赢"结合，以能值为工具开展社会经济复合系统可持续发展的理论研究与实践[133]，科学地评价系统能流价值。

（2）能值角度的空间要素（资源）利用效率研究。空间本身是一种经济发展资源，并且是一种稀缺资源，为此，高效利用空间是唯一途径。作为经济活动的载体，空间是固定的，不能进行异地交换来解决局部空间需求短缺的问题，因此，尽可能地高效利用区域空间资源成为唯一选择。从经济学的角度看，空间的不可交换性形成了空间经济实现帕累托最优的一个客观障碍，人们只能对区域空间进行优化，提高空间组合的效率，以此应对空间稀缺性[134]。因此，叮通过能值流判断各县、市、区资源禀赋及现状利用的个性特征，找到不同区域在整个区域空间发展中的定位。

(3)基于能值理论的区域空间发展研究。1915 年苏格兰生物学帕特里克·盖迪斯(Patrick Geddes)在其著作《进化中的城市》中就提出将能量流与城市发展联系起来的概念[135]。自然界和人类社会的系统均具有能量等级关系，生态能量学的观点认为城市是生态系统层次中等级最高的[129]，城市化的过程就是能量类型变化的过程，并从周边输入能量以提高能量集中程度[136]。从区域空间发展的演化过程来看，能量在区域空间上的等级差异和流动过程实际上对应了区域空间体系内部不同等级、不同规模、不同职能的城市空间，以及这些城市空间之间的运动、交换和相互作用过程，由此形成了我们熟知的城镇体系。为此，本书利用能量等级原理、能值方法来比较、分析不同系统的空间运行状态及发展趋势，为优化空间发展格局奠定基础。

3 区域人居环境可持续发展的能值研究框架

为了更好地利用能值分析方法进行区域可持续发展的评价研究，首先从组成区域系统的结构要素(显性要素)和功能流形式(隐性动态要素)入手，解析生态环境系统与社会经济系统的耦合关系及运行机制。为了探寻系统要素运动与区域空间发展的关系，分别从能量流动规律、能量等级与空间差异、系统要素(能量的载体)运动与区域空间演化等三个方面进行阐述，为后续分析区域空间差异的形成做铺垫。介绍能值分析的方法与步骤，重点就能值方法中系统能值流输入输出模型和能值指标进行了阐述，前者是进行能值理论研究的基石，考验研究者在众多基础数据中是否能凝练出个人对系统运行状况的理解，后者的一系列指标是对系统运行状况"质"的量化，可借此判断系统的结构、功能及可持续发展状况。

本章主要从上述三方面的思路进行研究，旨在从理论方面深入区域人居环境系统的"微观"层面，便于追根溯源解读后续的研究结果，更为系统协调发展研究找寻依据。

3.1 区域系统要素及其运动机制

3.1.1 区域系统的构成要素

区域可持续发展研究的中心内容就是要将人口、资源、环境、社会、经济等系统要素之间的内在联系定量地表达出来，建立可持续发展评价指标体系。区域可持续发展评价中对"要素"的理解因研究目标不同而有不同的阐述。本书研究的区域可持续发展系统是由生态系统与经济系统两大系统复合而成的，这个复合系统又可以概括为由人口、环境、资源、经济、科技、社会等六大子系统(或要素)构成，各个子系统相互联系、相互作用构成一个网络系统。

1)区域系统要素的作用

可持续发展的核心是以人为本，人口处于区域可持续发展系统结构的核心；环境既为人类活动提供资源并容纳废弃物，又为人类活动提供空间和载体，是区域可持续发展的容量支持系统，主要由大气环境、水环境、土壤环境、地质环境、生物环境、森林环境、草原环境等要素构成；资源是区域可持续发展的基础支撑系统(如水资源、土地资源、气候资源、各类矿产资源等)；经济发展是实现区域可持续发展的核心要件,经济系统与区域的产业、资源、消费、就业等内容紧密相连,在推动经济社会发展过程中,要求提高资源利用效率及控制污染排放;科学技术是区域可持续发展的动力支持系统,是解决当前世界危机的手段,经济增长在很大程度上取决于人类科学技术的进步。社会主要包括生产关系、社会条件(基础设施、就业、社会福利)以及居民生活水平三类因素,在实现区域可持续发展的目标体系中,社会系统既是基本前提,又是最终目的。

2) 系统的协同作用

客观世界任何物质都是以系统存在,系统除了具有整体性、结构性和层次性等特征以外,还具有协同性特征[137]。本书的协同作用重点从两个方面进行考虑。

一是区域系统要素间的协同,正是由于系统内存在着这种关联机制,才使得系统内部各要素(或子系统)间相互维系而构成整体,同时系统与外界进行物质、能量、信息交换的过程中,也必须借助于"微观层次"的内部要素之间以及内部要素与外部要素之间协同作用来获取系统发展演化的动力。协同是在保持一定"度"下的发展,确保人类社会经济的发展是在自然生态环境的容受力范围内,如人口增长与经济发展间的平衡,资源供给与人类需求的矛盾。总之,区域内人口、社会、经济、环境、资源、技术等各要素(或子系统)间相互制约、相互带动、相互协调,才使整个系统能有序地协同发展演进。

二是区域内部不同地域的协同,这里的地域是指绵阳市域的各行政区,各行政区存在着资源条件、产业基础、区位功能、交通条件、对外开放度等方面的差异。差异互补与协同是可持续发展的法则[138],差异构成互补,互补策略制定时就要充分挖掘和发挥各地域的潜能与优势,协同推进区域社会经济能高效持续发展。但不是任何差异都存在互补,所以在实践中常常对区域的产业现状、资源构成、空间结构、发展潜质等进行定性、定量研究,以最终实现区域内不同层次、等级系统(空间)能共谋协调发展。

3) 要素间的耦合关系

耦合本身是一个物理术语,表示两个或两个以上的实体相互依存的关系。本书中的耦合意味着系统要素间的良性互动、协调发展,形成稳定的可持续发展的系统。耦合存在于区域内的方方面面,人口与社会耦合意味着区域人口增长得到有效控制,人口素质提高,人口结构日趋合理,新的消费观正日渐建立。人口系统与经济系统间的耦合,意味着人口增长与经济增长速度间保持着协调的比例关系,经济增长率远远高于人口增长率,居民生活质量得以改善。经济与环境的耦合表明区域经济发展不以牺牲环境为代价,环境质量保持良好。经济与资源的耦合则表明区域优势资源得到合理开发,经济发展模式与之适应。人口与经济、社会的耦合,意味着社会经济运转良好,人的物质、精神需求能不断得到满足;经济与科技耦合表明两者间良性的互动机制也已形成。因此,耦合既可作为认知系统要素间的相互作用关系的度量标准，也可用于判断系统的可持续发展状态。

3.1.2 区域系统的功能形式

从系统论的角度看，功能是指系统与外部环境相互作用联系过程中产生的秩序和能力，区域人居环境系统的功能是指区域生态经济系统与内外环境进行物质、能量、信息交换所表现出来的作用和效能，即事物所发挥的有利作用。物流、能流和信息流是人类社会最基本的三大流通体系[139]，共同构成生态流[140]（也叫功能流），且从系统本身来看，功能是以"流"的动态形式表现出来的，是物质或非物质要素的一种表现形式[141]，是生态经济系统结构、功能的物质内容。具体表现为能量流动功能（能流）、物质循环功能（物流，如资源流、货物流、人口流等）、价值增值功能（货币流）和信息传递（信息流、技术流等）功能等。以上的功能流通过多种形式在社会经济内部以及自然与社会之间形成网络系统，发挥着自然环境系统和社会经济系统之间的媒介作用（图 3.1）。这些流相互之间存在着各种依存关系，对这些流的研究、模拟，有助于把握生态经济系统的规律，建立良性循环、可持续发展的生态经济系统。

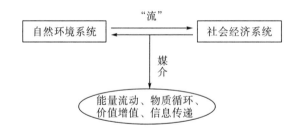

图 3.1　生态经济系统能流简图

1）人口流

人类活动是以环境、资源、物资、资金、科技为基础的，且这些因素只有在同人口的密切联系中，才具有现实意义。因此，在区域可持续发展这个复杂巨系统中，人始终处于主体地位，是具有能动作用的主体。更为重要的是，人能进行生产劳动，具有创造才能。人的全面发展既是可持续发展的起点，又是可持续发展的归宿；既是可持续发展的表现形式，又是可持续发展的实质力量和内容。人口的数量、质量和结构直接影响着区域可持续发展状况，超出或低于某一标准都会制约区域社会经济全面发展。

人口流是一种特殊的物质流，在空间上表现为人口的流动或变迁，人口流的流动强度及空间密度反映了人类对其所居自然环境的影响力及作用力大小，直接影响着区域城镇空间结构的变化。人口的流动主要通过 3 个过程影响区域空间结构的演化：一是人口的流动导致人口和劳动力的空间再配置，新的人口聚集格局将促进新城形成、旧城衰落；二是劳动力和科技人员的再配置导致区域发展能力的此消彼长，区域产业结构随之发生相应变化；三是人口流动带动了投资、技术和生产的流动，导致区域内形成新的产业布局空间格局。

可用城镇化指标来反映人口、产业、土地及地域空间的变化，用人口密度反映在单位土地资源面积上人口的集聚程度。

2) 物流

物流是贯穿于社会经济物质循环全过程的一类生态流，可被分为自然物流和经济物流（或人工物流）。前者包括日照、空气（风）、水、绿色植物（非人工性）等；后者包括采矿和能源部门的各种物质，具体为食物、原材料、商品、化石燃料、废弃物等。两者的关系如下：

(1) 自然物流与经济物流并非独立个体，自然物流为经济物流奠定物质基础，是经济物流加工的对象。脱离生态系统的自然物流，经济物流就无从谈起。

(2) 生态系统的物流又有不可更新物流和可更新物流之分。前者如化石能源（煤、石油、天然气等）以及某些矿物，这类物流更新速度极慢，因此也称之为不可更新资源；可更新的物流是可更新的、不会枯竭的处在无限循环中的物流，如生物资源、水、空气、自然力、太阳能等。对于可枯竭的物流，人类要特别珍惜。随着科学技术的发展、人口的增加、消费水平的提高，人类获取不可更新资源的速度越来越快，枯竭时间只是迟早问题，因此必须寻找可替代的能流、物流。而可更新物流由于有更新速度的限制，也必须合理利用，求得与自然界的和谐统一。

(3) 自然物流与经济物流通过 4 个生产部门可以相互转化。①第 1 个部门是农业。农业为人类提供了食物，养活了地球上 70 多亿人口。在农业经济物流中，融合了自然物流、工业物流、人类活动及信息流。②第 2 个部门是能源生产，这是生产经济物流的动力，但在生产能源时，又投入了经济物流，实质上是经济物流置换了自然物流，因而能量生产是生物圈里物流的一个置换过程。③第 3 个部门是采矿。④第 4 个部门是信息、科技生产，这一部门的强弱，影响着以上 3 个生产部门的发展，关系到物质、能量流动的强弱和方向。当今世界上的一些发达国家，就是通过强化信息、科技这一生产部门，将世界各国的资源与产品吸纳至自己的国家，然后生产出产品与不发达国家进行不平等的交换，保护自身利益和强化自身持续发展功能的。这导致了发展中国家的生态退化和能值持续不断的流失。总之，信息和科生产部门的作用就是将杂乱无序的物质、能量（生态资源和经济资源）转换为有序、有机的整体。通过信息和崭新技术组合起来的有机整体——产品往往具有很高的市场价格，大大高于其本身所具有的价值。

(4) 自然物流与经济物流循环过程中均会带来环境污染问题，它们破坏生态结构，并随食物链危及人类健康。为此，应对循环的副产品加以清除，变废为宝，补充经济物流。

3）能流

能流是物流的有机组成部分，由自然能流和经济能流两部分组成。自然能流包括太阳能流、生物能流、矿化能流和潜在能流，其中潜在能流是指需通过人类技术开发才能以能量形式存在的能量，如青藏高原上水的势能、风能等。另一部分是经济能流，凡是自然能流被开发投入到经济系统中，无论是正在消耗的或是储备的，都属于经济能流。把自然能流变为经济能流的生产部门即是能源生产部门，如农业、石油开采、煤炭业等。经济能流在被消耗过程中会排出大量污染物和有害辐射，这些污染物的能值聚集到一定程度，将对经济发展产生不可估量的损失。经济能流由于进入不同的经济领域，其消耗形式是不一样的。进入人类生活消耗领域的大部分是食物，通过一系列生物化过程后大部分能量被丢弃，储存下来的只占投入总能量的 5%～20%；进入生产领域的能流分别转换成其他形式的能流，或生产、生活资料。

能流分析可用来评估能源使用效率，用它来量化分析环境经济系统中能量的输入输出，同时统计结算能源输入、转换、使用和输出等全过程中能量总和。能流分析的主要对象包括生物质（燃料）、化石燃料、能源产品和电力等[142]。

生态经济系统中能量流动的基本过程见图 3.2。

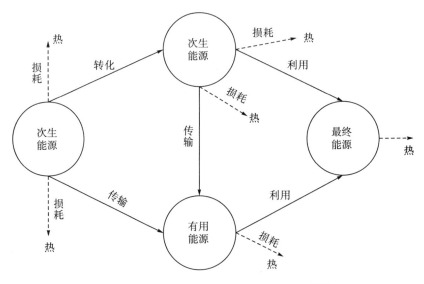

图 3.2　城市生态系统能量流动基本过程图[139]

图 3.2 中原生能源（又称一次能源）是从自然界直接获取的能量形式，主要包括煤、石油、天然气等；还有太阳能、风能、水力、核能和地热能等。原生能源

中煤和天然气可以直接使用，但其他能源大部分均需加工、转化后方能使用。输入经济系统的能源中最主要是来自区域自然生态环境中的各种富含能量的物质（生物质、化石燃料等），利用的水能、风能等，或把太阳能转化为热及电能。此外，输入经济系统的能流还包括从其他国家和地区进口的化石燃料（原料或产品）、生物质（燃料）、电力等。

原生能源转化为次生能源的过程（如煤、石油转化为电力、柴油）会产生环境污染物（主要指大气污染物、固体废弃物等）。城市生态系统中原生能源一般皆需从城市外部调入，运输量大，其产生的环境危机也不容小觑。因此，应尽量选用清洁的原生能源，如天然气、核能等。

4）货币流

货币流是一个经济学上的概念，它是社会经济发展的产物。在原始社会中，商品交换只是物物交换，货币流并不存在。随着社会经济的发展，货币流在不同的经济部门之间流动，起流通媒介作用。货币流是经济能流、经济物流、经济信息流的内在价值的外在体现，并与能流、物流、信息流呈相反的方向流动。

货币流的主要职能：一是作为价值尺度，衡量商品的价值，作为经济计划管理和核算的工具；二是作为运用手段和支付手段，起媒介作用；三是在退出流通领域后，起贮藏手段的作用。

5）技术流

一个国家或地区的经济发展，一般要经过三个基本阶段，即要素（资源）驱动阶段、投资（资本）驱动阶段和技术（发明）驱动阶段。这三个阶段中，经济增长的有效阶段取决于科技进步及其要求下的创新发明的水平和技术应用的规模，科学技术是经济发展的第一推动力。科技要素能改变全球生态经济系统中物质能量流动的性质和方向，正是科技要素的这种特殊功能，发达国家从发展中国家掠夺了大量财富，造成了发展中国家生态恶化。

技术流主要是指技术在区域空间内进行扩散与传播。技术流的形成包括 3 个要素，即创新、市场需求、技术的空间梯度。不同区域因为技术革新而带动产业结构得以优化升级，进而影响区域空间结构。另外，区域中具有知识创新基础的地区往往容易升级传统产业、开辟新的产业空间，不然，纯粹依赖引进外来技术和资金，而缺乏自主、原创研发是不可能带动区域发展的。

6）信息流

对于生态经济系统而言，信息就是自然界与社会间相互联系、相互作用的一种特殊表现形式，没有联系就不存在信息。许多环境、经济与政策问题都涉及生态系统的信息流动和人类社会的科技信息[61]。

信息有自然信息和人工信息两种，前者是自然界事物的属性，后者是人类对自然信息的获取、认识。人类正是依靠这些信息，促进了能流、物流、货币流的流动、转换、传递。信息流起调节物质和能量的数量、方向、速度、目标的作用，在生态经济系统起支配地位，它驱使着人和物做有目的、有规律的运动。当今世界不少发达国家之所以能花极少的能值从发展中国家获取大量的能值财富，一个很重要的原因，就是他们人工信息流的流量大大超过发展中国家。人类要控制生态系统，就必须获取信息流来控制物流、能流。人类要管理、经营好生态经济系统，必须通过人工信息去认识自然信息，把握自然环境、自然资源变化的规律。

3.1.3 区域生态流的运行图解

1)生态流与区域系统发展

不论多大空间尺度的区域系统，都存在着由人流、物流、能量流、信息流等组合而成的动态的内部结构，并且各种流之间保持着相互依赖、相互制约、相互适应的关系。区域可持续发展必须使系统一直处于动态平衡中，方法是依据一般系统平衡规律，确定系统中占主导地位的"流"及其人流、物流、能量流、信息流的流量大小，最终得到整个系统人流、物流、能量流和信息流的总流量。分析系统生态流，是区域可持续发展研究中一个重要的环节。

(1)生态流的研究可以从系统的能量流动、物质循环中揭示其发展的基本规律。物质、能量在区域系统中的运动、循环、平衡的过程，可被抽象成一种"流"的动态形式，它从外部输入，经过系统内部的相互作用后再输出，形成了一个完整的、连续的运行过程。

(2)生态流的研究可以阐释系统生产要素流动的规律。将生产要素理论与经济增长理论结合起来的新的古典经济学模型认为，生产条件一致的区域，其劳动力呈"从低工资向高工资"区流动的趋势；而为了减少成本，获取高回报率，就要降低劳动力成本，所以劳动力必然呈"从高工资区向低工资区"流动的特点。另外，技术要素分为有形技术(主要指技术设备、专利技术、原材料)和无形技术，前者随资本的流动而流动，后者则随着掌握技术的劳动力的流动而流动。区域发展史表明，一个社会、经济和自然协调发展的地区总是伴随着集聚与扩散的运行机制，早期吸引大量的人才、资金、技术的流入，产生集聚效应，当持续积累到一定阶段时，在就业机会、资金产出率等方面超出能够提升的限度时，就会自发引起生产要素向区外流动。

(3)生态流可自发调节系统"熵"的变化。"熵"是区域系统演化中反映系统秩序(混乱程度)的概念。根据热力学中的"最大熵原理"，一个封闭系统在其自发的演变过程中，系统的熵只会增加，不会减少。"熵增"意味着系统的有序程度越来越低，最终达到熵的最大值和混沌的状态。区域可持续发展系统是一个具有耗散结构的开放系统，与外界环境和其他区域不断地发生着"流"的传输和相互作用，不断地从外界吸收"负熵流"，以克服系统内部的熵增，使系统的总熵不断减少,使系统从远离平衡状态下的无序转变成为各种意义下的有序。"熵减"可以增加系统的有序性和自组织性。人类在区域发展过程中,采取措施增加经济生产力水平,其本质就是降低"熵"。总之,人类在尊重自然界物质运动规律和人类社会自身运动规律的前提下,对自然界和人类社会的改造利用和调节,就是利用有控制的和有目的外加能量或外加物质,并且充分地协调或发挥系统的自组织能力,抑制甚至抵消系统熵的增加,使系统的有序程度、组织程度、复杂性和功能不断增强。

2) 系统生态流运动图解

区域可持续发展的内涵是追求人与人、人与自然之间的和谐发展,而其基础则是能量的供需和其潜在的支持能力[143]。区域社会经济系统的能量是以物质和服务为载体,依据人类的开发能力和消费需求进行不同类型和状态的转化。这不仅表现为人们日常生活需要的物质、服务的转化,也体现在自然资源的生成、物理性转化和环境对"废物"的分解、消纳。因此,从能量角度分析研究物质、服务的供需转化和保障及环境的承载、消纳能力,就能够克服物质和价值型研究中的扭曲弊端,有助于更好地把握区域自然和社会协同进化的规律,评判、制定区域可持续发展的对策措施。

任何区域的社会经济系统实质上是一个人工生态系统,即以人的消费需要和劳动参与与自然资源的供给和自然生态环境的生产、保障为枢纽的相互利用、制约的复合系统。大自然为人类提供了保障自身生存与发展的物质基础,人类依靠自然资源的能量输入和生态环境的消纳及屏障,才能稳定地发展和幸福地生存。同时,人类也只有在开发利用自然力的过程中培育其生产的能力和保护好生态环境,才能使自然更好地为人类的持续发展服务。而在这两者的有机结合中,以物质为内容的能量转化和输入输出则是人与自然耦合协同的本质。为了揭示系统内物质、能量的运动过程,解释其内在的输入输出功能和演化规律,研究中常采用概念模型来分析系统的组分、结构和联系,以更清楚、精确地解释现象,演绎事物变化的规律。在系统科学中,通常以各种特有的框图、符号来描述对象系统物质流、能量流和信息流的运动轨迹,这既是一种语言,也称为概念模型。

Odum 借鉴系统动力学的符号语言,在研究生态系统能量积累与转换的基础上,创造了一种极为形象和逻辑性强的系统生态学符号语言(或称能语言)。这种符号语言不仅仅限于描述生态系统的状态和运动规律,还可以表征系统中的物质流、能量流和信息流,甚至人流、资金流的变化情况。

这里列举常用的几个符号系统和含义,如图 3.3 所示。

利用能值分析符号语言绘制环境-经济耦合图(图 3.4),以表征系统能量组分、结构功能,以及自然生态环境系统和人类社会经济系统(两者共同构成生态-经济系统)在系统内的相互关系。

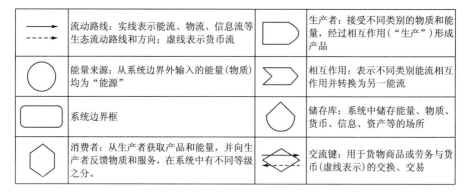

图 3.3　能值分析符号语言[61]

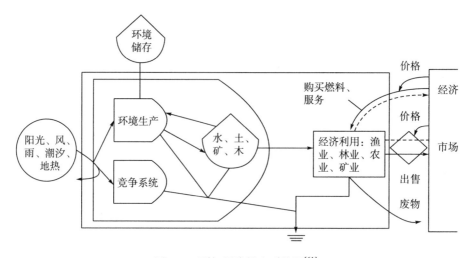

图 3.4　环境-经济耦合系统图[61]

图 3.4 中系统能值输入的一部分来源于左边的可更新和不可更新自然资源，另一部分来自右边具高能值转换率的购入能值，如燃料、电力、资本、商品和劳务。由此可见，环境与经济相互作用的能值是自然环境系统的资源能值与人类社会经济购入能值的总和，它们相互作用而共同生产经济商品。但卖出商品所得的货币只给了图中右边的人类，用以购买经济资源和劳务，人类并未付款给自然生态系统。

图 3.4 中，环境与经济子系统相互作用界面的能值输入的一部分来自左边的自然环境生产，另一部分来自右边的经济投入。如果右边的经济子系统有其独立的能量来源，即人类社会经济子系统反馈投入能值来自自然环境之外，则可将上述两类能值输入直接相加，以评价系统总产出能值（即系统生产的商品价值），而不会发生重复计算的问题。但事实上，大多数经济投入都用于购买自然生态子系

统过去储存的石化燃料, 石化燃料是一种独立的资源, 是当前人类最主要的能源形式。要对一个较小的区域或部门进行能值评估, 在将可更新资源能值与购入能值相加时, 常因上述原因而发生部分的能值重复计算, 使系统能值产出价值被部分地夸大。此类重复在系统总能值用量中所占的比例很小, 在实际研究时多数情况下可忽略不计[61]。

在图 3.4 中还隐含着环境资源系统对社会经济发展力度的制约性问题, 关系到区域是否处于可持续发展状态。自然环境系统与人类劳动是人类财富的源泉, 前者为后者提供生产资料, 后者把生产资料变为经济财富。社会财富直接或间接来源于自然环境资源, 没有自然资源就没有人类和社会经济的发展, 而人类常常会过度地开发环境储存的资源, 直至枯竭, 在这过程中经济反馈在环境系统中几乎起不到什么作用, 最终导致环境基础的毁灭; 经济活动也相应地失去依托, 最终遭到破坏。经济的发展离不开生态环境的支持, 且人类社会的可持续发展需要经济与生态环境达到物质能量的供需均衡。如何最佳地利用自然生态资源, 促进环境与经济的协调发展, 就需要对经济与自然生态环境在物质、能量上的输入-输出转化和供需均衡进行研究, 能值分析方法中的能值指标能对此运行状况进行直观地诠释, 且透过能值指标反过来指导人们的行为方式(如利用科学技术高效利用不可更新资源)。

3.2 区域系统空间发展的基本特征

区域是人类从事社会经济活动的具有相对稳定性的空间系统。区域可持续发展系统是区域在时间维和空间维上的差异性相互耦合运动的发展过程[144]。正是因为人流、物流、能流、信息流、技术流等能值流(或生态流)在区域内部的不同地区存在着不同的"动态平衡"方式, 才使得系统要素在区域内部不同地区呈现不同的空间组合, 从而形成了多层次、不同等级的空间系统。

3.2.1 能量流动与最大功率原则

任何系统均可视为能量系统。区域系统内部各组成部分间的关系, 以及系统的结构功能都体现为能量, 能量是驱动生态经济系统发展的原动力。能量流动带动各种物质循环, 除了流动、储存在自然界中的能量以外, 能量还经过自然资源参与社会经济系统生产而进入人类社会的各种活动中(图 3.5)。

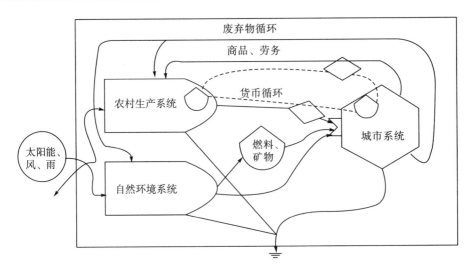

图 3.5　人类生态系统能量图[61]

如图 3.5 所示，人类生态系统能量流动可概括为生产者的自然环境系统和农村生产系统，以及作为消费者的城市系统 3 个方面。要说明的是，当自然环境系统发挥其生态服务功能时，作为消费者，需要吸收自然界中的可再生资源(太阳能、风、雨等)。当自然系统与农村系统吸收可再生资源而生产出的产物与不可再生的矿物资源、化石燃料等相结合时，就为人类社会经济系统提供了所需的物质和能量。在此过程中，人类社会系统需给农村系统反馈各种物品、服务(如肥料、机械)等，方能确保人类所需的物质、能量(如食物、纤维等)能从农村系统持续供给。不利的是，自然系统和农村系统成为人类系统排出副产品的"回收站"，影响其环境的可持续发展。图 3.5 中，货币与能量的流动方向相反，用虚线表示。城市地区付费给农村系统以取得所需的生产生活资料，同时又出售化肥、农业设施和服务给农村。需注意的是，在此系统中，人类并未给自然环境所提供的空气、河流、景观、水土保持等生态服务付费。

生态系统的能量流动和转化遵守热力学第一定律和热力学第二定律。同时，为使系统达到永续发展，系统有用功率的最大化是其设计与存活的原则，Odum 称之为"最大功率原则"(maximum power principle)，其定义为：一个具有活力的系统，其设计、组织方式必须能从外界获取可利用能量加以有效转换利用，并能反馈能量以获取更多的能量，以适应存活之需。也就是说，一个系统为了能与其他系统竞争而存活和永续发展，必须从外界输入更多低能质能量，同时，也必须从系统反馈所储存的高能质能量，强化系统外界环境，使系统内部与外界互利共存，不断获得能量，以产生最大功率。系统的最大功率原则被称为自组织(self-organization)。经济活动中欲取得最大效益(功率)，需应用本地资源从事生产的同时，通过贸易交换获得外来资源投入生产。

3.2.2 能值转换率与能量等级

能值转换率概念由生态系统中的食物链概念与热力学原理引申而来，用以表示能量等级系统中不同类别能量的能质（energy quality）。在任何一个能量转换过程中，低质量的能量通过相互作用和做功，转化为高质量的能量；高质量、高等级的能量，需要许多低质量、低等级的能量。

太阳能值转换率（solar transformity）是指每单位某种类别的能量（单位为 J）或物质（单位为 g）所含能值之量，单位为太阳能焦耳／焦耳（或克），即 sej/J 或 sej/g。通俗地讲，能值转换率就是每焦耳某种能量（或每克某种物质）相当于由多少太阳能焦耳的能值转化而来。某种能量的能值转换率越高，表明该能量的能质越高，即在能量系统中的等级越高。在能量转化链中，随着能量流动和转化，其数量逐步减少，能质逐渐增高，能值转换率增加。

各种生态系统的能流，从量多而能质低的等级（如太阳能）向量少而能质高的等级（如生物质能、电能）流动和转化；能值转换率随着能量等级的提高而增加。能量系统中较高等级者具有较大的能值转换率，需要输入较大量的能量来维持，具有较高能质和较大控制能力，扮演中心功能作用。人类劳动、科技文化技术、高级技术与设备等均属高能质、高能值转换率和高能值的高等级阶层能量。能值转换率就是衡量能量等级的尺度。

Odum 从地球作用的角度，换算出自然界和人类社会中主要能量类型的太阳能值转换率（表 3.1）。

表 3.1　几种主要能量类型的太阳能值转换率[61]

能量类型	太阳能值转换率/（sej/J）
太阳光	1
风动能	623
有机物质	4420
雨水势能	8888
雨水化学能	15 423
河流势能	23 564
河流化学能	41 000
波浪、海潮机械能	17 000～29 000
燃料	18 000～58 000
食物、果菜、粮食、土产品	24 000～200 000
高蛋白食物	1 000 000～4 000 000
人类劳动	80 000～5 000 000 000
资料信息	10 000～10 000 000 000 000

表 3.1 中列举出的能值转换率反映了单一要素的能量等级，表明在生态经济

系统中，等级阶层越高的物质或资源，其能值转换率就越高。同样，在生态经济复合系统中仍然具有能量等级之分，本书从生产者和消费者的角度，根据能量等级划分子系统，表述如下：

（1）自然环境子系统：在系统内处于最低能量等级，吸纳太阳能、雨水能、风能等低能质能量，形成植物，并向野生动物提供食物、能量等。

（2）农业生产子系统：能量等级要高于自然环境子系统，主要接受低能质的太阳能、雨水能等驱动，同时吸纳较高能质的能量（化肥、农药等），产出农产品。产品为工业经济生产提供原料，给人类提供食物等。

（3）工业生产子系统：能量等级位居第 3，工业生产子系统既是消费者又是生产者，既大量吸纳高能质的工业原材料、能源和工业半成品（如金属、矿物质、能源、塑料、化学品等），又吸纳少量低能质组分（如木材、农产品原料、水资源等），生产的产品则为更高能质的工业品，可供人类生产和生活消费。

（4）社会生活子系统：社会生活子系统位于能量等级最高端，最终消费者或服务对象为人类。按照能量运行的路径，人类同时吸纳了上述 3 个子系统提供的各种能质的能量，并主要存储在教育、信息、文化和设施当中。

3.2.3　能量等级与区域空间格局

3.2.3.1　能量等级与区域空间差异

生态经济系统的能量流动及其转换在空间上形成了不同能量等级的空间分布和控制区域，如图 3.6 所示，从左边低等级的能量（太阳能）至右边高等级能量（如人类及其社会产品）。低等级能量分布稀疏、松散，逐步转换为高等级能量，分布密集，控制领域由小到大。

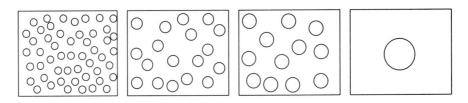

图 3.6　能量等级关系图解[61]

不同能量等级对应了区域内部不同城市空间。对于一个分布有许多小城市、几个中等城市和一个或两个大城市的区域而言，小城市数量多而能量等级低，中心城市数量少而能量等级高，从而形成了区域城镇景观等级关系（图 3.7）。Odum 在其《能量、环境与经济—系统分析导引》一书中对这种等级关系的形成原因从以下两方面进行了解释：

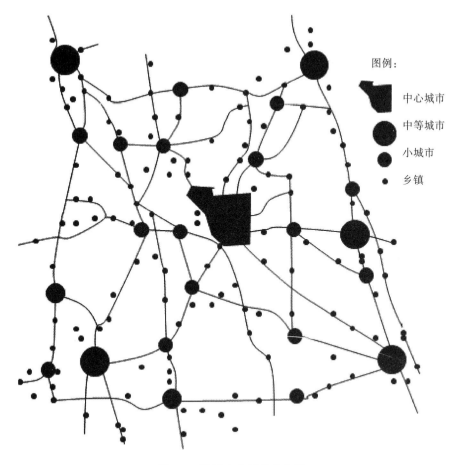

图例：

中心城市

中等城市

小城市

乡镇

图 3.7 区域大小城市分布图

(资料来源：作者改绘[①])

(1)主导实力的不同，表现为各大、小城镇在区域中发挥职能作用的差异，大城市在商品和服务设施的布局起中心枢纽作用，其拥有的各种丰富商品与服务设施可输送分布到中等城市，再从中等城市分散到小城市。

(2)能量聚集。如图 3.8 所示，能量从乡村小城镇汇集到中等城市，再到大城市。换言之，等级关系是能量聚集的结果，由很多小城市汇集起来的能量维持一个大城市。大城市给小城市反馈商品、设备和劳务技术等，这有助于大城市控制整个网状城市系统。

以上的分析突出大、小城市之间的相互支撑，相互联系。实际上在这样的过程中还伴随着个体城镇本身的发展状态，即不同的能量结构，相应形成的能量流的不同类型和数量实际上对应了城镇化的不同发展阶段及城镇化的水平[69]。

---

① 本图由作者所绘，参考文献[145]。

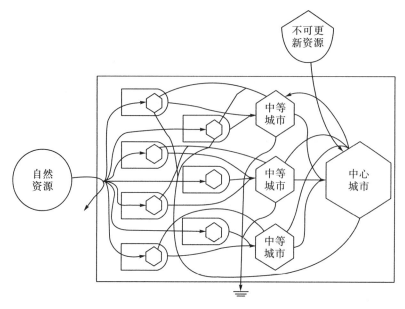

图 3.8　区域城镇等级关系图解[145]

区域就是由处于不同发展阶段的城镇化空间构成的，他们之间相互交织，从而形成了特定区域的空间发展格局。

3.2.3.2　区域空间发展演化的规律

能量等级的高低反映了区域内各实体空间在要素集聚程度方面的差异。研究表明，区域差异是空间结构的基本特征，是区域发展不平衡的反映，而等级高低又是区域空间分工的重要依据[134]。3.2.3.1 节将能量等级大小与区域城市实体空间等级分布(或区域空间结构)的对应关系做了静态阐述，但事实上区域空间结构会随着区域内部组成要素及外部环境要素的变化而处于发展演化之中，形成新的区域空间格局，因此区域空间结构的演化是一个随着空间要素运动的动态过程。本部分从要素(流)运动规律和区域空间结构演化进行阐述。

1)区域系统要素的集聚与扩散

系统组成要素的不断运动是导致区域空间结构演化的根本原因，其运动表现为要素的集聚与扩散态势，形成空间自组织结构。

集聚与扩散机制使得系统要素在区域空间内依据效应最大化的原则不停运动和组合。集聚是指要素和部分经济活动在区域地理空间上的集中趋向的过程；扩散是指资源、要素和部分经济活动在地理空间上的分散趋势的过程。集聚加剧了空间不平衡，产生经济活动在空间分布上的不均衡现象，区域内部因此而出现空间差异和不均衡。不同空间结构单元会随着新的生产要素的流入，而在经济性质、产业结构、消费结构和贸易结构等方面发生相应的变化，因此不同空间结构单元的功能同时发生变化。扩散机制促进空间均衡发展，其结果是产生经济活动在空间分布上的均衡现象。

集聚和扩散与经济空间结构相互影响、相互促进。由于各区位条件(自然条件、资源分布、交通运输状况及可达性、人口状况、技术经济水平、社会经济基础等因素)及其组合不同，区位表现出不同的空间态势。条件或者要素组合较好的区位表现出高态势。集聚总是在高态势区位开始，集聚进一步加强区位态势。通过循环累积过程，资本、劳动力等经济因素由外围向高态势区位集聚，迅速导致经济极化，就促成区域经济增长极或增长中心的形成。经济空间集聚到一定程度，就会出现集聚不经济。此时由于外围地区也有了一定程度的发展，具备了一定的吸纳和发展能力，资本和劳动力等基本要素便开始由中心向外围扩散，在合适的区位重新集聚。如此，"集聚—扩散—再集聚—再扩散"过程如同波浪一样在空间不断地展开，使经济空间结构不断演变。

区域城镇空间结构具有空间自组织特征，其产生的根本原因在于城镇之间以及城镇与区域之间存在着类似于自然界中的不同生态位势差。这种生态位势差在城镇或区域发展早期可能是由于具体地理区位环境的自然差异造成的。在城市发展的过程中，各种社会经济因素在不同场所以不同方式的集聚、扩散也会对生态位势差进行改变。城镇群是一个远离平衡态的开放系统，具有耗散结构的特征。在外界输入的物质、能量和信息流的影响下，系统内部自组织机制使其产生突发性的非平衡相变，从原来的定态转变为新的定态，形成时间、空间和功能上的新的有序结构[141]。

集聚与扩散是同一事物在运动过程中表现出的两种相反的现象，具有辩证统一的关系。在区域经济发展中，集聚与扩散过程是此消彼长的(图3.9)

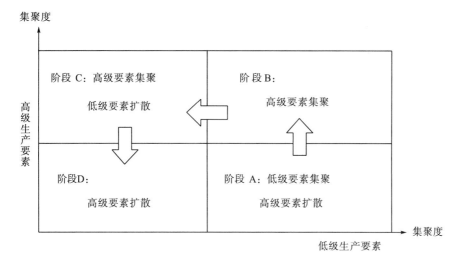

图 3.9　集聚与扩散的区域发展阶段特征[134]

经济发展要素可以分为两大类：第一类是以人才、资金、技术等为主的高级生产要素(能量等级高)，第二类是以劳动力、资源、能源等为主的低级生产要素(能量等级低)。两大类生产要素在区域不同发展阶段的集聚和扩散态势是完全不同的，呈现出 4 个发展阶段。

阶段 A：在区域发展的初级阶段，区域社会经济发展水平低，高级生产要素的投资回报率差，因此高级要素流出该区域寻求高级区位，如我国改革开放初期大量资金和技术人员从中西部地区流向沿海发达地区，随着经济规模的扩大，低级生产要素大量、快速地集聚。

阶段 B：低级生产要素继续快速集聚，区域发展条件得到改善，产业结构高度不断提高，大量高级生产要素开始向区域内集聚，城镇化水平和城镇规模不断扩大。

阶段 C：集聚规模的不断扩大导致规模不经济，土地、能源、交通等基本生产要素成本的大幅度提高迫使以低级生产要素为主的低附加值产业移出该区域，从而造成低级生产要素的扩散；与此同时，由于区域内发达的交通、通信条件和充裕的资金、先进的技术、即时的信息等条件，吸引了大量高级要素进一步集聚，使区域的经济性质和区域功能转化，如上海市，随着传统产业的转移，上海市已经由单纯的制造业中心逐步转化为具有国际大都市特征的以流量经济为主体的综合经济中心，其中高级服务业、R&D 产业等比重迅速增加。

阶段 D：生产因素的过度集聚会导致要素的扩散，此阶段的要素扩散以国际扩散为主，区域内集聚有大量跨国公司总部，拥有多个世界城市或国际性大都市组成的大都市连绵区，是全球精英区域。

2) 区域空间发展演化阶段特征

在发展初期，区域空间地域是相对均质的，但随着各种因素的发展演化，就由均质型转化为非均质型[146]。区域经济的非均衡发展，必然会导致区域空间形成不同的地域结构，并随社会经济的发展不断由低级向高级转变。总之，区域空间结构的演化趋势是"从极化导致的二元性加强，核心向外扩散导致的二元性的削弱，最终实现区域空间在新的经济发展水平上的均质化，从而形成逐渐传递和逐级推进的动态演变过程[147]。

(1)阶段 A：均质——低水平均衡发展阶段。

该阶段处于社会发展早期，社会生产力水平低，以第一产业为主，大部分人口从事农业生产，经济产出低，社会整体上呈现低水平均衡状态，其相应的区域空间结构由一些独立而规模小的地方中心与广袤的农村区域构成。内部各地区之间缺少交流、联系，虽然有地方中心存在，但是区域空间没有等级结构分化。

(2)阶段 B：集聚——二元结构的形成阶段。

该阶段是农业向工业过度的经济发展阶段，区域间开始显现出发展不平衡的状态。少数具有发展优势的地区受集聚效益及规模效应的影响，进入极化增长阶段，并渐渐演化成为区域中心城市，并支配或控制其外围地区。相较于低水平均衡阶段，该阶段形成的极化地区及其对外围的辐射影响力形成的区域空间结构更高一级。随着该区域中心城市对周围环境要素的超强吸附能力的增强，它与外围地区的不平衡差距日益显著，从而导致区域空间二元结构形成。

(3)阶段 C：扩散——三元结构形成阶段。

三元结构形成于工业化中期阶段，该阶段集聚经济占主导地位，在更大程度上加剧了区域间不平衡程度。非标准化的高层次的经济活动集中于城市，而标准化生产企业及较低层次的经济活动向城市外围区扩散，城乡边缘区逐渐形成。伴随经济活动在空间范围的拓展，新的经济中心在区域以外的其他地方产生，最后新经济中心与原来的经济中心形成了在规模、功能、影响力上有等级差异的区域经济中心体系。每一个经济中心体系都有规模不等的外围地区，这样，区域中就出现了若干规模不等的中心-外围地区，这些中心-外围结构依据各自的中心在经济中心体系中的位置及关系，相互组合，最终形成了区域核心-地区中心-外围的三元空间结构。

(4)阶段 D：区域空间一体化阶段。

该阶段形成于后工业化时期，为区域空间结构的高级阶段，区域系统又回归平衡状态。此阶段为社会经济发展水平较高，各地区间的交往联系频繁，不同层次规模的地区也与外界保持长期的合作沟通，它们之间的差距逐渐缩小直至消失，区域空间将最终实现一体化，形成一个有机整体。

3.3 区域可持续发展的能值评价体系

本节首先介绍了系统能值分析的一般步骤及方法，然后利用能值符合语言图解系统环境-社会经济耦合的能值流模型(从基础数据层面建立了两者相互关系)，建立能值评价指标体系，能值指标的计算数据基于基础数据，是对环境-社会经济关系的量化。

3.3.1 能值分析的步骤及方法

能值分析包括能量系统图的绘制、能值分析表的制定、能值转换率和其他各种能值指标的计算、系统模拟预测等。系统的能值分析一般分为三个步骤[92]。

1)资料收集

通过调查、测定、计算，收集研究对象相关的自然环境、地理及经济等各种资料，整理分类。

2）能量系统图

根据 Odum 的"能量系统语言"图例，绘制详细的能量系统图，以明确系统的基本结构、系统内外的相互关系和主要生态流的方向。能量系统图基于收集的基础资料，形成包括系统主要组分和相互关系及能物流、货币流等流向的系统能量图解，概括研究对象各组分和环境的关系。能量系统图的绘制方法和步骤如下：

(1)界定系统范围的边界，把系统由各组分及其作用过程与系统外的有关成分及其作用以四方框边界分开。

(2)列出系统的主要能量来源，这些能源一般来自系统外，即绘在边界的外面。确定需列举的能源的原则，基本根据该能源占整个系统能源总量的 5％以上，低于此者可忽略。

(3)确定系统内的主要成分，包括生产者、消费者等，以各种能量符号图例绘制。

(4)列出系统内的各主要组分的过程和关系(流动、贮存、互相作用、生产、消费，等等)，包括主要的能物流、货币流及其他生态流。

(5)绘出系统图解全图。先绘四方框边界外边的能源部分，沿周边外排列，而后再绘系统内各部分的图例。边界内外各图例排列均依其所代表成分的能值转换率的高低，从低到高由左到右排列。四方框边界底线外不绘能源符号，仅绘一个能量耗失符号，并与系统内各组分符号底部相连，表示系统各组分的能量耗散。

3）编制能值分析表

(1)列出研究系统的主要能量来源(输入)和输出项目，包括本地资源，输入的不可再生能源、输入货物及劳务、输出等。

(2)计算能值分析表中各类别资源能流量(原始数据)，以 J 为单位；物质以 g 为单位；经济流以 $ 为单位表示。

(3)将各类别能量、物质转换成共同的能值单位——太阳能值，太阳能值由原始数据和太阳能值转换率相乘而得，并计算其相应的能值-货币价值(Em $ Value=能值/货币)，以评价它们在系统中的贡献和地位。

(4)建立能值综合指标体系。由能值评价分析表中的相关数据，可进一步建立并计算出一系列反映生态与经济效率、系统结构功能的能值指标体系，以分析生态经济界面，评价自然资源环境对经济系统的贡献和经济对自然环境的作用，衡量整个系统的发展状况。

(5)系统发展评价和策略分析。通过能值指标分析、系统模拟和系统结构功能的能值定量分析，有助于人们正确认识区域生态系统发展中存在的问题，为制定正确的系统管理调控措施和发展策略提供科学依据，指导生态经济系统良性运作和可持续发展。

3.3.2 评价指标体系的作用

区域可持续发展评价中重要工作内容之一就是选定指标，确定评价指标体系。旨在对区域发展系统进行结构、功能状态、发展能力和发展水平分析，寻找区域可持续发展的主要限制性因素及系统运行存在的问题，为区域发展系统结构调整、功能完善、发展能力增强、发展水平提高，确定区域可持续发展战略与模式，进行区域可持续发展调控提供科学依据。

区域可持续发展指标能反映区域可持续发展状态及特征的度量信息，区域可持续发展指标体系则是指综合反映区域可持续发展数量和质量状况的指标集合体，是制定与实施区域可持续发展战略的重要手段，具有以下 4 个功能[2]。

(1) 评价功能。区域可持续发展指标体系可以作为一个尺度，可比较、衡量不同区域自然、经济、社会和环境系统的运行状况。利用建立的评价模型估量系统运行状态，评价系统的结构功能关系，系统内部及与外部环境之间是否发展有序，发展能力是否受障碍性因素的干扰。

(2) 描述作用，是评价指标体指标的最基本的功能，指标来源于对系统基础资料的深度分析，因此评价指标体系可从多层次、多方面反映区域系统的结构功能状态和运行动力机制等。

(3) 监测预警作用。监测功能分为系统的状态监测和目标监测。在描述作用的基础上，监测预警功能相当于设定了界限指标，用于监测系统各要素(如人口增长、环境污染、资源消耗的)的运行状态，通过获取的监测数据来分析系统是否处于可持续发展状态，达到预警的作用。

(4) 规划决策功能。评价、决策和监督预警的功能都是为规划决策服务的，用该指标体系来指导区域可持续发展战略的实施。

3.3.3 能值评价指标体系框架

基于 3.2 节中对系统内外能量输入输出的阐释，绘制简图 3.10。

图 3.10 中各符号代表的意义如下：

R (renewable sources)——自然环境输入的可更新资源能值；

N (nonrenewable sources)——自然环境输入的不可更新能值；

F (imported resources)——社会经济系统反馈投入的能值；

Y (yield product)——输出的商品、服务等。

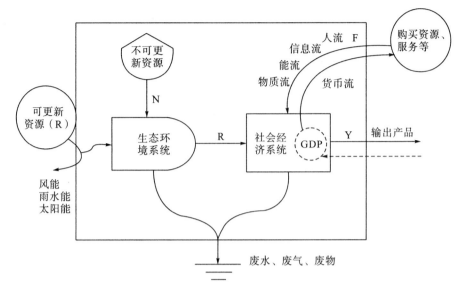

图 3.10　系统能值流的输入输出图

考虑到后期研究区实际数据获取的难易程度以及前期对区域能流空间分布规律的辨析，图 3.10 中的社会经济系统的能值流耗费主要来源于区域建成集中区（或人类集聚区，对应了区域中各城镇发展的地理中心），而生态环境系统的自然流输入立足于区域范围，体现其对人类集聚区各种社会、经济活动的支撑。

人类社会经济系统有赖于自然界持续性地提供物质与能量才能正常运转。从生态学的观点来看，人类社会经济系统是自然流（资源流）、货币流、人口流、信息流、资金流等生态流高度集聚的系统，需要输入建筑材料、化石燃料、电力、矿物质、水等物质资源来维持系统的运转。

另外，蓝盛芳等在其编著的《生态经济系统能值分析》一书中介绍了能值理论的创始人Odum建议的能值基本指标和常用指标，其指代的意义如表3.2所示。

表 3.2　Odum 确立的部分能值指标[61]

	能值指标	意义
基本指标	能值货币比率（energy/money ratio）	能值流与货币流建立联系，从而使得国家真正的财富用能值体现，而非市场化的货币
	能值-货币价值（endollar value，Em/＄）	指系统某种能值流相当的货币价值，可从宏观上探讨经济的理想尺度
	能值投资率（energy investment ratio，EIR）	也被称为"经济能值/环境能值比率"，是衡量经济发展程度和环境负荷程度的指标
	能值产出率（energy yield ratio，EYR）	为系统产出能值与经济反馈（输入）能值之比，衡量系统生产效率的指标
	能值交换律（energy exchange ratio，EER）	评价对外交易中的得失情况

	能值指标	意义
其他常用指标	能值自给率(energy self-support ratio, ESR)	体现一个国家或地区的对外交流程度和经济发展程度
	能值密度(energy per area)	反映被评价对象的两个特性，经济发展强度和经济发展的等级
	人均能值用量(energy per capita)	衡量生活水平或生活质量的高低

区域可持续发展系统是一个复合的大系统，它不仅具有自然属性，同时还具有社会、经济属性。社会属性以人口为核心，经济属性以资源利用为核心，自然属性以自然生态环境为主线。因此，在建立能值指标体系时，分别从自然、社会、经济3 方面对能值指标进行充分的统筹布局，以更好地整体地反映区域复合系统的特点、组成、功能和效率，揭示自然环境系统和社会经济系统内在的功能上的联系，反映系统可持续发展现状、趋势和特征，并参考已有的研究成果[130, 148~150]，从区域可持续发展系统的自然-社会-经济角度出发，将生态经济系统划分为社会亚系统、经济亚系统、自然亚系统和系统可持续发展性能 4 大表现层，建立能值评价指标体系(表 3.3)，为制定经济发展政策和环境与经济的协调发展提供理论依据。

表 3.3 系统能值指标体系

	能值评估指标	计算公式	反映意义
社会亚系统	1 能值自给率(ESR)(%)	(R+N)/U	评价自然环境支持能力
	2 人均能值量	U/P	反映人民生活水平与质量的标志
	3 能值密度	U/(area)	评价能值集约度和强度
	4 人均燃料能值	(fuel)/P	对石化能源依赖程度
	5 人均电力能值	(electricity)/P	判断城市对电力的依赖程度，反映城市发达程度
经济亚系统	6 能值/货币比率	U/GDP	反映该地区经济现代化程度
	7 能值交换率(EER)	I/O	评价对外交流的得失利益
	8 能值投资率(EIR)	I/(R+N)	衡量经济发展程度和环境负载程度
	9 电力能值比(%)	(electricity)/U	反映工业化水平
自然亚系统	10 环境负载率(ELR)	(I+N)/R	自然对经济活动的容受力
	11 可更新能值比	R/U	显示自然环境的本身潜在力大小，自然环境利用潜力
	12 废弃物与可更新资源能值比	W/R	废弃物对环境的压力
	13 人口承受力	R/(U/P)	自然环境的人口承受能力

	能值评估指标	计算公式	反映意义
系统可持续发展能值指标	14 能值产出率(EYR)	O/I	反馈投入效益率
	15 能值可持续指标(ESI)	EYR/ELR	理论可持续能力
	16 能值可持续发展指标(EISD)	EYR*EER/ELR	实际可持续发展能力

注：R 为可更新资源能值；N 为不可更新资源能值；I 为输入总能值；O 为输出能值；U 为能值总量；W 为废弃物能值；P 为人口量；area 表示研究区面积；P 表示研究区人口规模；fuel 表示燃料能值；electricity 表示电力能值为国民生产总值。ESI(energy sustainable indices)；EISD(energy index for sustainabble development)。

　　系统能值指标体系中分别选择能值自给率、人均能值量、能值密度、人均燃料能值、人均电力能值来反映社会系统状况；用值货币比率、能值交换率、能值投资率和电力能值比来反映经济系统状况；自然环境状况用环境负荷率、可更新能值比、废弃物与可更新资源能值和人口承受力来体现；系统可持续发展能值指标用能值产出率、能值可持续指标和改进的能值可持续发展指标来表示。

　　1)社会亚系统

　　用能值自给率、人均能值量、人均燃料能值和人均电力能值 4 个指标来反映社会系统状况。

　　(1)能值自给率(energy self-suifficiency ratio)，是一个国家、地区或城市的可更新资源能值投入和不可更新资源能值投入与能值利用总量之比。一个系统总能值用量中自身不可更新资源能值和可更新资源能值所占比例的高低，反映其自给自足能力的大小。一般情况下，能值自给率越高，则该系统的自给自足能力越强，对内部资源开发程度也越高。

　　(2)能值密度(energy per area)，即一个国家或地区能值总利用量与该国家或地区面积之比，单位是 $sej/(m^2 \cdot a)$。能值密度这一指标反映了被评价对象的两个特性——经济发展强度和经济发展的等级。一个国家或地区总是具有从农村到乡镇，再到中小城市，最后到大城市的等级变化；整个世界系统具有从不发达国家到欠发达国家，再到发达国家的等级变化。能值密度越大，说明经济越发达，在等级中的地位越高。

　　(3)人均能值用量(energy per person)，指一个国家或地区内的人均能值利用量，是评价人民生活水平(standard of living)的指标。从宏观的生态经济能量学角度考虑，用人均能值利用总量来衡量人们生存水平和生活质量的高低，比传统的人均收入更具科学性和全面性。个人拥有的真正财富除了可由货币体现的经济能值外，还包括没有被市场货币量化的自然环境无偿提供的能值、与他人物物交换而未参与任何货币流的能值等等。

　　(4)人均燃料能值和人均电力能值：反映社会对资源和能源的消耗。

2)经济亚系统

用能值货币比率、能值交换率、能值投资率和电力能值比 4 个指标来反映经济系统状况。

(1)能值/货币比率。

能值分析理论解决了环境系统或自然生态系统与人类经济系统结合起来进行定量分析的难题。通过能值/货币比率(energy/money ratio),把能值流与货币流统一起来进行分析评价。

货币在人类经济系统中流动,是用于交换和评价商品或劳务的一般等价物,是与能物流反向流动的一种信息流。货币循环与真正财富(商品、劳务及其能值)的流动相互联系又相互独立。但货币与真正财富价值并不相同,因为它只被当作报酬付给人类,而不会因为自然环境生产的贡献而付给自然。因而能量或货币都不能作为度量环境和人类贡献的共同尺度。只有能量和货币所包含的能值,才是他们共同的度量基准。

自然环境资源直接或间接地成为社会财富的组成部分,可用能值对其加以衡量(而不是能量)。食物、衣、住、信息、健康和其他真正财富都可用能值加以衡量。一个国家单位货币(通常转换为美元)相当的能值量,即能值与货币的比率(energy/dollar ratio),它等于该国全年能值投入总量除以当年货币循环量(国内生产总值 GDP)。一个国家全年应用的能值总量包括可更新自然资源(太阳光、雨等)、不可更新自然资源(煤、石油、天然气、矿藏、土地等)及进口商品、资源的能值。以农业为主的发展中国家,直接使用很多不花钱的本国自然资源,没有或很少用货币购买其他国家的资源产品,同时 GDP 较低,经济领域流通的货币量较少,因而发展中国家具较高的能值/货币比率,在这些国家用较少钱可购买到较多的能值财富。反之,发达国家的能值/货币比率远低于发展中国家,它们的 GDP 高,用货币购进的资源产品较多。

(2)能值交换率。

能值交换率(或称为能值受益率,energy exchange ratio)是指在贸易或买卖中能值输入与输出能值的比率,用来评价一个国家或地区与其他国家或地区对外交易中的得失情况。如国家之间的贸易收益不能只以货币得益来衡量,因为货币不能真实反映商品的固有价值,也就不能体现贸易双方获得的真实利益。

(3)能值投资率。

能值投资率(energy investment ratio)是来自经济的反馈能值(外界投入能值)与来自环境的无偿能值(本地可更新及不可更新资源能值)之比。大至一个国家和地区,小到一个工厂企业的经济发展和增长,均须有高能值的科技、劳务、物质和燃料的投入,并与当地环境资源和自然条件共同作用。也就是说,要有高质量和低质量的各种能量的能值适当搭配。某国家或地区对投资者的吸引力,取决于该国的能值投资率，低能值投资率的不发达国家比高能值投资率的发达国家，具有更多未开发利用的资源可供投资者利用。

(4)电力能值比。

电力能值与能值总量的比值，反映工业化水平。

3)自然亚系统

用环境负荷率、可更新能值比、废弃物与可更新资源能值比和人口承受力 4 个指标来体现。

(1)环境负载率：反映自然生态环境在人类社会经济活动干预下的承受能力。

(2)可更新能值比：指自然生态环境中可更新资源的利用潜力。

(3)废弃物与可更新能值比：指人类生产、生活中排放的废弃物对环境的压力程度。

(4)人口承受力：指自然环境自有的财富可供养的人口规模。

3.3.4　系统可持续发展的能值综合指标

系统可持续发展能值指标用能值产出率、能值可持续指标和改进的能值可持续发展指标来表示。

1)能值产出率

能值产出率(emergy yield ratio，EYR)为系统产出能值与经济反馈(输入)能值之比。反馈能值来自人类社会经济，包括燃料和各种生产资料及人类劳务。能值产出率是衡量系统产出对经济贡献大小的指标。与经济分析中的"产投比"(产出/投入比)相似，净能值产出率是衡量系统生产效率的一种标准。EYR 值越高，表明系统获得一定的经济能值投入，生产出来的产品能值(产出能值)越高，即系统的生产效率越高。

2)能值可持续指标和可持续发展性能指标

在 Odum 建议的能值分析指标体系中，分别用能值产出率(energy yield ratio，EYR)和能值投资率(energy investment ratio，EIR)两个指标来评价系统可持续发展性能的两个方面，前者用以表征系统的产出效率，后者用来评价系统的环境压力。但是缺少反映系统可持续性能的综合性指标，为填补这一空缺，美国生态学家 Brown 和意大利生态学家 Ulgiati 提出了能值可持续指标 ESI(energy sustainable indices)，即系统能值产出率与环境负荷率之比，即 EYR/ELR。并确定了 ESI 的量化标准，即 ESI<1 为发达国家，1<ESI<10 为发展中国家。

对此，蓝胜芳等[61]做了修正，认为 ESI 忽略了两点：一是系统产出的并不都是有益的正效益产出，有的产出是极其有害的负效益产出，具有负的能值交换率(如污染物)，所以 EYR 越高并不一定越有利于实现可持续发展；二是即使相同能值产出，在交易过程中受市场等的影响亦具有不同能值交换率，从而对系统可持续发展产生不同的影响。考虑到系统能值产出率(EYR),能值交换率(EER)和环境负载率(ELR)间并无相关关系,可进行合并,得到一个同时兼顾社会经济效益与生态环境压力的系统可持续发展性能的复合评价指标,即系统可持续发展性能的能值指标(energy index for sustainable development,EISD)。EISD 值越高,意味着单位环境压力下的社会经济效益越高,系统的可持续发展性能越好。其数学表达式为

$$EISD=EYR \times EER/ELR$$

本小节能值指标计算方法及其意义的论述表明,这些能值指标具有内在的有机联系。在应用能值分析理论和方法时,研究者无须局限于已有的指标,而应根据具体研究对象,按照具体情况具体分析的原则,按照实际的需要去探索和发展有助于反映系统变化规律及其特征的新的能值指标。

3.4 本 章 小 结

(1)区域可持续发展的结构功能及运行机制研究。区域可持续发展系统由生态系统和经济系统两大系统组成,可从结构要素层面分解为由人口、环境、资源、经济、科技、社会等六大子系统(或要素)构成,各个子系统相互联系、相互作用。该系统以"流"的动态方式,在生态系统和社会经济系统内部表现其能量流动(能流)、物质循环(物流,如资源流、货物流、人口流等)、价值增值(货币流)和信息传递(信息流、技术流等)等功能,正是这种不断地相互作用、相互渗透、相互结合的运动机制,推进了生态系统和社会经济系统的耦合,二者在相互促进、相互制约、相互耦合、互为反馈中共同维持着整个系统的协调和发展。

(2)区域能量等级与空间结构演化研究。区域可持续发展系统是一个时空耦合的系统[144],系统组成要素在不同等级的地域单元内的不同组合,使区域形成多层次的空间系统。系统各组分的关系和结构功能通过能量得以体现,能量是驱动生态经济系统发展的原动力。能值转换率是衡量能量等级的尺度,某种能量类型(单一要素)的能值转换率越大,其能量等级就越高。分别对自然环境子系统、农业生产子系统、工业生产子系统和社会生活子系统内部吸纳要素的能量等级的高低进行判断,可以得出 4 个子系统的能量等级是由低到高的排列顺序。同时,有学者也证实不同的能量等级对应了区域不同的城市空间景观,区域城镇群内部不同规模的城镇就是如此。

依据对能量等级与区域空间差异的理解,本部分试图引入经典的要素集聚与扩散的空间结构演化规律,来进一步分析研究区域在不同的发展阶段,空间结构的演化态势、特征,为后续制定差异性的空间发展策略做好铺垫。

(3)区域可持续发展的能值分析。介绍了能值分析的基本步骤和方法,并重

点对系统内部要素或系统之间的作用机制用能值分析语言进行图解，同时也将研究的基础原始数据统一整合在这个平台上。区域可持续发展指标是指反映区域可持续发展状态及特征的度量信息，区域可持续发展指标体系则是综合反映区域可持续发展数量和质量状况的指标集合体。本书基于对研究对象系统的分析，以及参考相关研究成果，选取能值指标，建立了反映系统社会-经济-自然-系统可持续发展能力的指标体系。

可以说，能值流图解和能值指标体系分别从原始数据和推导数据（由原始数据计算而来）两个方面反映了系统的结构、功能特征，而后者在评价系统可持续发展状态、系统发展限制条件等方面更具有指示器的作用，是对系统能值流是否运行正常的量化指标。

4 区域系统能值结构及能值演变分析

本章首先从自然、社会和经济等方面介绍了绵阳市的现状概况，然后选取 9 年间(2005～2013 年)的基础数据，应用能值分析方法，对绵阳市区域生态经济系统的能值输入输出状况进行分析，并计算与分析反映系统自然-社会-经济-可持续发展的能值综合指标。通过这样的研究思路希望能整体地探求区域系统的结构与功能变化的规律，掌握系统能值演变轨迹，以便对区域发展制定更加有效的政策与措施。

4.1 研究区概况

4.1.1 地理位置

绵阳市位于四川盆地西北部，涪江中上游地带。东邻广元市的青川县、剑阁县和南充市的南部县、西充县，南接遂宁市的射洪县，西接德阳市的罗江县、中江县、绵竹县，西北与阿坝藏族羌族自治州和甘肃省的文县接壤。地理坐标：北纬 30°42′～33°03′，东经 103°45′～105°43′。全市呈西北东南向条带状，东西宽约 144km，南北长约 296km，面积 20249km^2。按地貌主要类型分：山区占 61.0%，丘陵区占 20.4%，平坝区占 18.6%。

4.1.2 自然生态状况

1) 地形地貌

绵阳市域内地势自西北向东南倾斜，呈阶梯状下降。市境内最高海拔 5400m，最低海拔 307.2m，高差约 5100m。

地貌以浅丘、深丘、山地、中山、高山和极高山为主，东南部有少量的平坝地。空间分布特征：以广元—江油—安县—绵竹连线为界，西北为山地，东南为丘陵、平原。山地约占全市面积的 60.67%，丘陵约占 16.36%，平原约占 22.29%。

2) 气候资源及降雨量分布特征

绵阳市属于北亚热带湿润季风气候。其基本气候特征：气候温和，四季分明；冬长但无严寒，无霜期长；夏热但无酷暑，春旱、秋凉，但相对略短。市域范围内，气候立体分异现象十分明显。气温、日照、无霜期等气候要素随地形高差差异变化较大。全市年平均气温度 16.4～17.3℃，平坝、丘陵高于山区，海拔每升高100m，气温下降 0.8～1℃。平坝、丘陵春短，夏长，日照多，无霜期达 252～299天；低、中山区冬长夏较短，多云雾，无霜期 230～240 天；高山区冬长夏短，春夏气候温和，无霜期 210～256 天。

市域内降雨量充沛，是长江上游的主要洪水暴雨区之一，是多条水系的发源地。全市年平均降雨量 825.8～1417mm，其降雨主要分布特点：①空间分布不均。降雨量分布从西北向东南减少；平坝、浅丘年平均降雨量小于低山和中山，年平均降雨量较少的是盐亭县和三台县。②季节分配不均。雨量多集中于夏季和初秋，显示雨热同期，因此形成冬春少雨多旱；初夏(5～6 月)干旱频繁，盛夏(7～8月)西部多涝，东部旱涝交错。

3）水系及空间分布特征

绵阳市水系属嘉陵江水系，市域内主要水系有自然形成的河流、水利工程形成的渠道及水库。自然水系主要有：涪江、安昌河、芙蓉溪；水利工程主要有团结水库、鲁班水库等大中型水库以及规划在建的武引灌渠系列。绵阳市水资源丰富，地表水资源量为 118.42 亿 m³，常年水资源总量为 118.82 亿 m³，人年均水资源总量为 2193m³。

4）旅游资源

绵阳市是泛川藏生态旅游区北部通道上的重要城市，也是大龙门山国际旅游区的北部节点城市。随着绵九高速的建成，绵阳将成为连接九寨沟—黄龙世界级旅游区最近的大城市，旅游区位优势明显。绵阳市旅游资源丰富，是四川省历史文化名城。文化资源包括李白文化、文昌文化、三国蜀道文化、羌禹文化、白马藏族，有以王朗国家级自然保护区、窦圌山、猿王洞、涪江六峡、小寨子沟为代表的自然生态景区，还有以中国工程物理研究院科技展览馆、亚洲最大风洞群为代表的"两弹一星"红色旅游经典景区[151]。

5）自然保护区及空间分布特征

绵阳市域是生物多样性宝库，平武县是我国"国宝"大熊猫分布最多的县，约占全国现存野生大熊猫种群资源的1/5。市域自然保护区共 9 个，其中国家级 2个，省级 6个、市级 1个， 空间分布见图4.1。市域自然保护区总面积2562km²，其中平武县占 48.44%，北川羌族自治县占 20.77，梓潼县占 12.11%，江油市占11.79%，安县占 6.91%。

6）地质灾害多发区

绵阳市地处龙门山断裂带、虎牙断裂带，长江上游暴雨区，市域高差大，因此，也是地质灾害多发区。主要地质灾害包括地震、崩塌、滑坡、泥石流等。根据绵阳市域地质灾害防治规划，地质灾害主要分为高易发区、中易发区和低易发区，如图 4.2 所示。

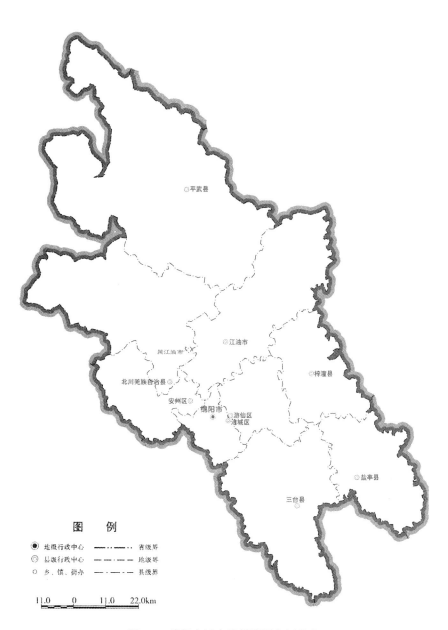

图 4.1 绵阳市域自然保护区空间分布

资料来源：2016 年 5 月四川省测绘地理信息局制，审图号：图川审 (2016) 018 号

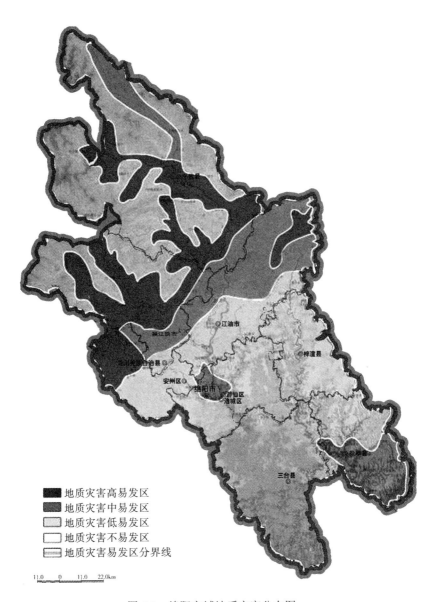

图 4.2　绵阳市域地质灾害分布图

资料来源：2016 年 5 月四川省测绘地理信息局制，审图号：图川审 (2016) 018 号

4.1.3 产业空间分布

1）第一产业

绵阳市土地资源禀赋差异较大，按自然条件，全市初步形成"西北经济作物、东南粮油基地"的总体格局，全市农业发展呈现以下特征：传统农业主导，农业规模化、三产化进展较慢；规模化经营的现代农业园区数量不足；农业机械化程度偏低，农民专业化合作组织数量不足；农业劳均产出较高；近郊地区的都市农业发展不足，农业附加值低。

2）第二产业

电子信息、食品及生物医药、冶金机械、材料产业、化工产业、汽车及零部件等六大产业已经成为支撑全市经济发展的重要产业门类。

绵阳市全市企业未建立梯次化引导发展的空间格局，产业集群少。城区（涪城区和游仙区）为工业发展的主要区域，县域工业发展滞后。

从产业分布区域看，电子信息产业主要集中分布在城区，冶金机械产业主要分布在江油市，汽车及零配件产业主要分布在安县和城区，材料产业主要分布在江油、安县、北川，化工业主要分布在安县、绵阳城区及近郊、江油市、三台县，食品在各区、县均有分布。全市 13 个工业发展区中有 6 个集中在中心城区，有 9 个集中在绵江安北地区，中心城区工业门类众多、准入门槛低、未呈现高端化。全市工业布局尚未建立梯次化引导发展的空间格局。

3）第三产业

传统服务业为主，生产服务业不足，第三产业以传统服务业为主（信息、科研、金融等高端服务仅占 23.7%），公益服务较强，生产服务不足，区域性服务偏低。

4.1.4 社会经济状况

1）行政区划和人口

绵阳市辖 2 个区——涪城区（包括高新区、经开区、科创园区）和游仙区（包括仙海区、农科区、科学城），6 个县（三台县、安县、盐亭县、梓潼县、平武县、北川羌族自治县），代管 1 个县级市（江油市）。2013 年末全市总户数 204.6 万户，年末户籍人口 547.4 万人，常住人口 467.6 万人。2013 年出生人口 44472 人，死亡人口 33995 人，人口自然增长率 1.96‰。2005～2013 年绵阳市城镇人口、乡村人口占总人口比重，以及非农业人口和农业人口各自占总人口的比重见表 4.1（这里的总人口是指户籍人口）。从表 4.1 中可见城镇人口的比重从 2005 年的 36.20%提高到 2013 年的 44.08%，与此同时非农业人口比重从 2005 年的 76.20%下降到 2013 年的 71.14%，人口从乡村到城镇集中的趋势势不可挡，符合一般城镇化的规律。

表 4.1   2005～2013 年绵阳市人口比例变化   （单位：%）

年份	城镇人口比重	乡村人口比重	非农业人口比重	农业人口比重
2005	36.20	63.80	76.20	23.80
2006	37.50	62.50	75.70	24.30
2007	38.00	62.00	75.24	24.76
2008	38.72	61.28	74.91	25.09
2009	39.83	60.17	74.17	25.83
2010	39.85	60.15	73.17	26.83
2011	41.84	58.16	72.31	27.69
2012	43.60	56.40	71.99	28.01
2013	44.08	55.92	71.14	28.86

资料来源：根据《绵阳市统计年鉴》（2006～2014）整理。

2）产业结构与就业结构

产业结构指国民经济各产业部门之间以及各产业部门内部的构成。在一个国家或地区经济发展水平逐渐提高的过程中，产业结构会实时调整，由第一产业向第二产业和第三产业逐次转移，即是产业结构高级化。产业结构的变化会随之带来人口就业转移的变化，一般首先是劳动力由第一产业向第二产业转移，再向第三产业移动，第一产业中就业人口比重不断减少，对应的第二、三产业的就业人口比重不断增加。这里选取绵阳市 2005～2013 年三大产业产值占地区生产总值的比重（图 4.3）、三大产业就业人口占总人口的比例来度量该地区产业结构的变化过程。

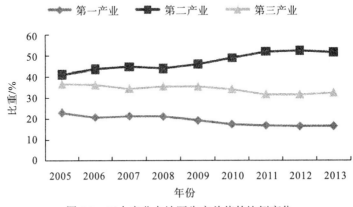

图 4.3   三大产业占地区生产总值的比例变化

图 4.3 表明，总体来看，绵阳市第二产业所占比重大，占据主导地位，其次为第三产业。第一产业比重最小，且占国民经济收入的比重在缓慢下降；而第二产业增长速度最快，说明第二产业对绵阳市的经济拉动作用最大，是绵阳市经济增长的驱动力；第三产业比重也在不同程度的波动下跌，对绵阳市的经济贡献明

显低于第二产业。对于这种第三产业增长明显滞后于第二产业的情况，大多数学者认为其反映了该地区发展的不可持续性，但也有学者认为这是工业化速度过快的原因造成的。这个说法倒是有它的道理，三大产业的国民经济收入的绝对值是不断攀升的，只是在不同年份所占的比重存在着差异。第三产业的比重是反映一个区域现代化程度的标志，因此绵阳市应加强第三产业的发展。

图 4.4 中反映了三大产业就业人口结构，从图中可以看出，三大产业的就业人口比重中第一产业最大，但总体呈现下降趋势，从 2005 年的 47.77%下降到 2013 年的 35.78%；其次是第三产业，总体呈上升趋势，从 2005 年的 29.42%上升到 2013 年的 33.88%；最小的是第二产业，从 2005 年的 22.81%上升到 2013 年的 30.34%。从总的趋势来看，2005～2011 年三大产业的就业人口比重基本趋于稳定，但 2011 年之后，第一产业的就业人口骤降，而第二产业突然上升，反映了人口就业职业取向的变化以及产业对劳动力需求的变化。第三产业的就业劳动力一直呈现缓慢上升的趋势。

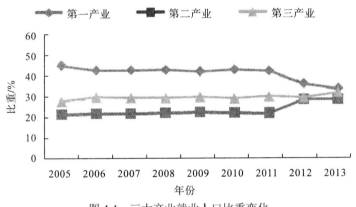

图 4.4　三大产业就业人口比重变化

4.1.5　区域空间发展状况

中国西部地区大多为极核集聚的空间发展模式，在区域空间结构呈"极核式"发展阶段[152]。作为西部内陆城市，绵阳市有县、市、区不平衡和地域不平衡两大特点。市域内有 1 个地级市市区(即中心城区)，人口规模达 80 余万人；1 个县级市市区(即江油市区)，人口规模为 20 余万人，6 个县城(即平武、北川、安县、梓潼、三台和盐亭)，除三台县城人口达 16 万人以外，其余县城规模都不足 6 万人，低于全国县城 7.1 万人的平均水平。各级城镇呈现整体空间均质化局面。这一现状均归因于长期的"市带县"体制的限制，使得中心城区社会经济要素集中，而一些县市区发展受到压制，从而形成了典型核心-边缘的区域空间结构，这种结构存在着诸多不合理的地方。

当前绵阳市区域空间发展的典型特征是空间结构失衡，中心城市集聚能力不足，对绵阳市域的带动作用并不强；县、市域内部低水平均衡。区域竞争面临德阳、眉山、乐山等城市的严峻挑战。当前绵阳正面临工业化和城镇化过程中一系列的问题与挑战，同时还肩负着在新一轮竞争中，彰显城市竞争力和统筹城乡协调发展，实现城市整体效益提升的历史重任。如何使得各地区能得到协调发展，如何利用各县市区的资源及环境状况进行空间功能定位，是本书研究的重点内容之一。

4.2   系统能值结构分析

选取绵阳市2005～2013年经济、社会、环境等相关数据，对绵阳市生态经济系统的能值投入、产出进行计算和分析，揭示该系统投入产出状况、系统运行效率和系统环境负荷水平等问题，为绵阳市生态经济系统可持续发展的深入研究奠定基础。

4.2.1   数据来源及计算方法

4.2.1.1   数据来源

本书围绕研究课题之需，广泛搜集大量相关资料和数据，再经过分析、筛查、整理。所搜集的资料和数据主要有文献资料、统计资料、调查资料等几大类型：

(1)文献资料：搜集区域可持续研究和能值理论等方面的学术成果，主要源于图书馆提供的各种馆藏和数字资源，还通过网络广泛收罗绵阳市现有的研究成果以及当地行政部门公布的发展资料(如土地利用规划、科技城发展规划、空间发展战略规划)。

(2)统计资料：基础数据主要来源于《绵阳市统计年鉴》(2006～2014年)、《中国城市统计年鉴》、《绵阳市国民经济与社会发展统计公报》(2005～2013年)、《绵阳市环境状况公报》、《绵阳市固体废物污染环境防治信息公告》及相关部门调研数据，全面搜集绵阳市近9年来的自然(海拔、水资源、太阳辐射量、气温、降水量等)、经济(国民生产总值、旅游外汇收入、外商投资、进出口、能源消费等)、社会(人口、工资收入、社会商品及服务消费、公共产品投入、住房产品的供给等)、生态环境(建设用地变化、水土流失数据、废弃物的排放量及处理量、废弃物的来源)各项基本资料和数据。为了突出资源使用在环境建设中的能值贡献，特别搜集了钢材、砂石、水泥、木材等建筑材料的物质消耗的相关数据，以及城乡居民日益增长的商品及服务消费支出。

(3)调查资料：就研究涉及的问题走访绵阳市相关部门，取得第一手资料，以加强对该市存在问题及未来发展走向的认识，为研究成果的科学性和可行性奠定基础。

4.2.1.2 能值的计算

数据计算中涉及的能量折算系数参考《农业技术经济手册》和陈阜的研究成果[153,154]，能值(量)计算公式见表4.2，能值转换率参见附录。

物质(g)或能量(J)的能值(sej/a)=原始数据(J或g)×能值转换率(sej/unit)。

经济系统中货币流的能值(sej/a)=原始数据(货币量$)×世界或该国或该地区的能值货币比率(sej/$)

表4.2 能值(量)计算公式

序号	计算公式
1	太阳光能(J/a)=国土面积(m^2)×太阳光能平均辐射能$[J/(m^2 \cdot a)]$
2	雨水化学能(J/a)=国土面积(m^2)×平均年降雨量(m/a)×吉布斯自由能(G)，其中吉布斯自由能 G=4.94(J/g)×($1×10^6$g/m^3)
3	地球旋转能(J/a)=国土面积(m^2)×热通量$[J/(m^2 \cdot a)]$，其中热通量=$1×10^6$J/($m^2 \cdot a$)
4	雨水势能(J/a)=国土面积(m^2)×平均海拔(m)×平均年降雨量(m/a)×水密度×重力加速度，其中水密度=$1×10^3$kg/m^3，重力加速度=9.8m/s^2
5	电力能量(J/a)=年电量(kW·h/a)×3.6×10^6(J/kW·h)
6	表土层损失能(J/a)=耕地面积(m^2)×侵蚀率(g/m^2)×流失土壤中有机质含量(%)×有机质能量(J/g)，对绵阳市而言，其土壤侵蚀率=250 g/m^2，单位质量土壤的有机质含量=1.86%，有机质能量=2.26×10^6J/g
7	天然气能量(J/a)=年消耗天然气体积(m^3/a)×8900kcal/m^3×(4186J/kcal)
8	原煤能量(J/a)=年消耗煤炭量(t/a)×(7.0×10^6kcal/t)×(4186J/kcal)
9	木材能量(J/a)=年消耗木材量(m^3)×木材密度×(3.8kcal/g)×(4186J/kcal)，其中木材密度=$7×10^5$g/m^3
10	固体废弃物能量(J/a)=生活固态废弃物产生量(ton/a)×(4×10^6BTU/ton)×(1055J/BTU)，其中"ton"是指"吨"；"BTU"即British Terminal Unit，一个英国热量单位
11	液态废弃物能量(J/a)=液态废弃物产生量(m^3/a)×10^6g/m^3×(5J/g)
12	建筑废弃物能值(sej/a)=年建筑废弃物产生量(t)×($1×10^6$g/t)×建筑废弃物能值转换率(sej/g)
13	砂石能值(sej/a)=年消耗沙子量(t/a)×10^6g/t×砂石能值转换率(sej/g)
14	水泥能值(sej/a)=年消耗水泥量(t/a)×($1×10^6$g/t)×水泥能值转换率(sej/g)
15	废气能值(sej/a)=废气产生量(t/a)×10^6g/t×废气能值转换率(sej/g)
16	劳务能值(sej/a)=工资性收入($)×中国能值/货币比率(sej/$)
17	外汇旅游收入/外商投资/进口货物能值(sej/a)=金额($)×世界能值/货币比率(sej/$)
18	商品和服务能值 (sej/a)/出口商品能值(sej/a)=金额($)×中国能值/货币比率(sej/$)

注：序号1~5、7的计算引自参考文献：蓝盛芳，钦佩，陆宏芳. 生态经济系统能值分析[M]. 北京：化学工业出版社，2002；序号6的计算引自参考文献：罗小娇.基于能值理论的郫县生态农业旅游规划研究[J].西南交通大学，2009；序号8~15引自参考文献：Huang S，Hsu W. Materials flow analysis and energy evaluation of Taipei's urban construction[J]. Landscape and Urban Planning. 2003, 63(2)：61-74；序号16的计算方法引自参考文献：赵志强，李双成，高阳. 基于能值改进的开放系统生态足迹模型及其应用——以深圳市为例[J]. 生态学报. 2008, (05)：2220-2231；序号17-18为通用的计算方法，其中中国能值/货币比率和世界能值货币比率的取值参考公开发表的国内外文献。

4.2.2　系统能值流构成

　　将搜集到的各项资源整理分类并保存，构建表示系统基本能值结构、输入输出的能量系统图，以便进行系统分析评价，明确系统基本结构、系统内外生态流的相互关系和流向。在掌握绵阳市翔实的生态环境和社会经济相关资料的基础上，应用 Odum 的"能量系统语言"图例[145]，绘制了绵阳市生态经济系统能量图（图 4.5）。

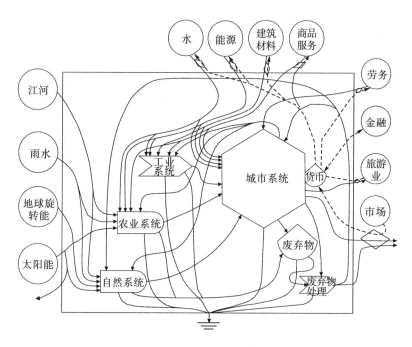

图 4.5　能量系统图①

　　绵阳市生态经济系统能量图包括系统主要能量输入和输出项目，以及能流、物质流、信息流、货币流等流向关系，概况出系统各种组分与环境之间的关系。通过对绵阳市大量的社会、经济、自然、生态等方面基础资料的全面把握，以及研习已有参考文献对绵阳市的研究成果，希望能量系统图能够真实反映绵阳市生态经济系统的特质、历史演变过程及其中的动力机制，并整理出绵阳市生态经济系统能值流结构，如表 4.3。

---

① 结合对研究系统的理解，主要参考了"Marco Ascione，Luigi Campanella，Francesco Cherubini，et al. Environmental driving forces of urban growth and development An emergy-based assessment of the city of Rome，Italy[J].landscape and urban planning，2009，93：238-249"，对其进行了修正、整理。

表 4.3 区域生态经济系统能值流结构特征

能值分类	能值来源	代号	计算说明
输入	可更新资源能值	R	包括太阳光能、雨水化学能、雨水势能、地球旋转能、水力发电
	不可更新资源能值	N	包括火力发电、表土损失及化肥
	反馈输入能值	EmI	包括原煤、天然气、旅游外汇输入、外商投资和进口货物
	建筑材料能值投入	M	包括钢及钢材、水泥、木材、砂石
	输入总能值	I	I=EmI+M
	能值利用总量	U	U=R+N+I
输出	输出能值	O	包括商品和服务、劳务、电力输出能值
	废弃物能值	W	包括固体废弃物、建筑废弃物、液体废弃物和废气

1)将能量输入分为五大类

(1)可更新环境资源输入,如太阳光能、雨水化学能、雨水势能、地球旋转能和水力发电。由于一切自然资源所包含的能量均来源于太阳能,为避免重复计算,根据能值理论,同一性质的能值投入只取其最大值。本书中太阳光能、雨水化学能、雨水势能均是太阳光的转化形式,只取其中最大项,即雨水势能与地球旋转能和水力发电之和作为绵阳市整个区域的可更新资源总能值。

(2)不可更新资源能值包括火力发电、表土流失(主要通过历年建成区面积的变化)[①]和化肥(反映农业投入)。

(3)反馈输入能值[②]:包括原煤、天然气、旅游外汇输入、外商投资、进口货物。

(4)建筑材料能值投入:主要包括钢及钢材、水泥、木材、砂石,原始数据来源于统计年鉴中的"建筑业"提供的数据,考虑到近年来房地产市场的火爆,建筑材料消耗量的获取依据是:根据已知各县、市、区历年住宅建筑施工面积,参考单位建筑面积消耗的建筑材料量及与相关专业人士的实际经验数据来估算各县、市、区建筑材料消耗量[122]。

2)将能量输出分为三大类

(1)商品和服务,包括出口货物及为城镇和农村居民提供的日常商品和服务的输出(以历年消费支出来估算),还有政府提供用于公共服务、国防、公共安全、教育、科学技术、文化教育与传媒、社会保障和就业、医疗卫生、交通运输、环境保护等方面的公共服务产品的货币输出。

(2)劳务输出(货币表现)、电力输出(水力发电和火力发电总量减去电力消耗

---

① 借鉴曹顺爱博士的论文《土地利用规划中的能值分析》中"农用地转变为建设用地时耕作层破坏视为表土层净损失"的观点,将耕地转换为建用地中的表土损失来间接反映人居环境物质空间建设中的消耗。
②对绵阳市的能源消费结构作了分析,发现化石燃料消耗以原煤和天然气为主。

量为电力输出盈余）。劳务输出的太阳能值转换率采用赵志强等[155]用工资性收入计算的方法。

（3）废弃物输出能值[①]：搜集了历年固体废弃物数据（包括工业固体废弃物、工业危险废弃物、医疗垃圾和生活垃圾）、估算建筑废弃物（按照每平方施工建筑面积产生废弃物的经验值来估算）、废水（生活废水和工业废水）和废气（主要是二氧化硫和工业烟尘）的排放量。此项的太阳能值转换率采用台湾学者黄书礼[156]提供的数据。

4.2.3　系统输入能值分析

将前期搜集的基础数据，通过能值转换率进行数据转换，以"太阳能值"为统一量纲，计算绵阳市生态经济系统2005～2013年9年间能值输入情况（表4.4），据此可以分析出系统主要物质、能量和货币能值流趋势表。结果表明，绵阳市在2005～2013年系统所利用的可更新资源数量占系统总能值的百分比由2005年的33.05%下降到2013年的17.30%，不可更新资源占系统总能值比重由2015年的3.45%下降到2013年的1.41%，反馈输入能值占输入能值的比重大于不可更新资源，但是以6.68%的速度在递减。相反地，可以看出输入系统能值中，建筑材料能值投入一直占据着巨大的比重，2005～2013年间其能值投入占总能值利用比重在55%～77%，增加了38%，特别是水泥能值占建筑材料总能值的98%以上，表明用于建设的水泥的耗费量高；其次是可更新资源能值，其比重为12.5%～34%；化石燃料、出口、外汇收入等反馈能值虽然年增长率达到39.29%，但在能值利用总量中仍然处于较弱的地位，其所在比重仅在6.72%～9.36%。不可更新资源的总量除了2006年稍有大幅度变化之外，基本上起伏不大。总之，能值利用总量由大到小的顺序是建筑材料能值、可更新资源能值、反馈输入能值、不可更新能值投入，后三者的比重下降的同时，建筑材料比重一直保持平稳的增长。表明要维持系统的可持续性及社会经济发展，需在快速的人居环境建设中输入资源能值。

2005～2013年，绵阳市人居环境系统能值利用总量从2005年的0.826×10^{23}sej/a增长到2013年的2.0×10^{23}sej/a，增加了142.13%，年均增长11.69%，其中输入总能值年增长率达15.21%；系统能值产出总量则从2005年的2.52×10^{22}sej/a增长到2013年的4.04×10^{22}sej/a，年均增长约7.60%。能值利用总量增速高于能值输出4.1个百分点，说明绵阳市处于不发达阶段，依赖要素输入来支撑系统运转。

[①] 基础数据从绵阳市历年统计年鉴中获得，侧重于研究人类对城镇化地区的扰动。用废弃物处理后的实际排放量来计算固体废弃物、废水和废气的能值；建筑废弃物能值计算方面，按照 http://blog.zhulong.com/blog/detail4748227.html 中提供的 $1m^2$ 建筑面积产生的建筑垃圾来估算，考虑到绵阳市近年来以房地产开发为主的人居环境建设的实际状况，就以房屋建筑施工面积产生的垃圾量来代替。

为了更全面揭示各种物质流在整个生态系统中的相对贡献状况，用能值利用总量除以中国能值货币比率就得到能值货币价值。结果表明，系统中投入的能值货币量从 2005 年的 0.89×10^{10} 美元快速增加到 2013 年的 5.64×10^{10} 美元，年均增长率达到 21.4%，而系统总产出的能值货币量从 2005 年的 1.41×10^{10} 美元增加到 2013 年的 6.92×10^{10} 美元，年均增长率达到 22%，而能值产出货币价值从 2005 年的 0.04×10^{10} 美元增加到 2013 年的 0.14×10^{10} 美元，年均增长率达到 17.56%。能值货币投入增长率比产出增长率多将近 5 个百分点，说明绵阳处于需要资源输入的发展阶段。

表 4.4　绵阳市生态系统能值输入汇总表（2005～2013 年）

序号	能值来源	2005	2006	2007	2008	2009	2010	2011	2012	2013
1	可更新资源能值（$\times 10^{21}$sej/a）	27.30	17.90	22.90	24.20	24.10	27.90	26.60	22.00	34.60
2	不可更新资源能值（$\times 10^{21}$sej/a）	2.85	3.91	2.95	1.95	2.55	3.04	3.04	2.94	2.82
3	反馈输入能值（$\times 10^{21}$sej/a）	6.72	8.26	8.53	8.32	7.38	8.76	9.75	8.76	9.36
4	建筑材料能值投入（$\times 10^{21}$sej/a）	45.70	58.50	68.20	81.10	103.00	119.00	126.00	139.00	153.00
5	输入总能值（$\times 10^{21}$sej/a）	52.50	66.80	76.70	89.40	110.00	128.00	136.00	148.00	163.00
6	能值利用总量（$\times 10^{21}$sej/a）	82.60	88.60	103.00	116.00	137.00	159.00	165.00	173.00	200.00
7	国民生产总值（$\times 10^{10}$sej/a）	0.58	0.70	0.87	1.01	1.20	1.42	1.81	2.14	2.31
8	能值/货币比率（$\times 10^{13}$sej/$）	1.41	1.28	1.19	1.15	1.14	1.12	0.91	0.81	0.87
9	能值货币价值（$\times 10^{10}$美元）	1.41	1.51	1.75	1.98	4.74	5.50	5.71	5.99	6.92

4.2.4　系统输出能值分析

由表 4.5 看出，商品和服务、劳务、电力输出的能值从 2005 年的 2.25×10^{22}sej/a 增加到 2013 年的 4.04×10^{22}sej/a，年均增长率约 7.60%。在这 9 年间，商品和服务输出一直维持着约 70% 的能值比重，贡献最大。其次是劳务能值输出[157]，生态经济系统离不开人类作用，社会的不断进步得益于人类对社会的贡献大于其消费。人的技能、知识、经验等使人具有经济生产能力，体现为无形价值形式，是人类生产系统得以维持的必要条件。因此，评价区域可持续状况时，不能将作为区域要素的人类排除在外。在计算过程中，劳务仅仅计算了全年职工工资收入，职工工资收入之外的其他收入、非正式职工的劳务收入等均未纳入计算过程，而且中国相对低廉的工资水平，都使计算数字远远低于人类对生态经济的实际贡献。根据 Odum 的观点[61]，信息具有高的能值转换率，而信息在人类之间复制和学习的时候，成本相对较低。因此，人类的作用是区域系统可持续性评价必不可少的因素。工资性货币收入乘以中国能值货币比率即得到劳务的太阳能值[155]。绵阳市的水资源丰富，一直是水力发电和火力发电同时开展，总发电量超出自身的需求量，尚有富余，但是随着自身电力消耗量的增加，向外输出的电力比重以 3.50%的速度在逐年递减。虽然三者各自所占的能值绝对值呈现上升趋势，但是在历年所占的比重来看，还是稍有差别。商品和服务输出与电力的年能值比重略有下降，而劳务的能值比重年增长率达 15.75%，可见居民通过教育、保健和职业培训等自我投资方式使其价值得到提高，从而增加了人的生产能力的投入回报，这与绵阳市的科技城建设密不可分。

在废弃物排放中，主要是固体废弃物、建筑废弃物、液体废弃物和工业废气排放。从表 4.5 中可以看出液体排放量的绝对值较为稳定，而固体废弃物和建筑废弃物呈现出相反的发展趋势。液体和固体的排放量分别得益于污水处理率和固体综合利用率的提高，而建筑废弃物绝对排放量以 16.33%的年增长率在增加，给自然环境带来不小的环境压力，相应地其在废弃物中所在的比重也呈现出 19.25%的增速，大大超过液体废弃物年比重增速(3.27%)、固体废弃物的年均比重增速(－7.97%)和废气年均增速(－6.20%)。反映出人居环境建设中矛盾的一面，在提升城市空间环境形象、改善基础设施和住房条件的同时，也给自然环境带来一定的负面效应。

表 4.5　绵阳市生态系统能值输出汇总表(2005～2013 年)

项目	2005	2006	2007	2008	2009	2010	2011	2012	2013
商品和服务/($\times 10^{21}$sej/a)	17.1	17.4	20.5	15.2	19.9	17.9	21.1	23.9	27.3
占能值输出比重/%	76	71.9	74.55	75.62	75.95	69.38	70.57	70.09	67.57
劳务/($\times 10^{21}$sej/a)	3.1	3.68	4.69	3.01	3.82	4.51	5.81	7.33	9.99
占能值输出比重/%	13.78	15.21	17.05	14.98	14.58	17.48	19.43	21.5	24.73
电力/($\times 10^{21}$sej/a)	2.3	3.15	2.3	1.88	2.49	3.42	3.03	2.88	3.11
占能值输出比重/%	10.22	13.02	8.36	9.35	9.5	13.26	10.13	8.45	7.7
总输出能值/($\times 10^{21}$sej/a)	22.5	24.2	27.5	20.1	26.2	25.8	29.9	34.1	40.4
固体废弃物/($\times 10^{21}$sej/a)	1.73	3.24	3.6	3.87	3.57	3.04	1.56	0.83	0.73
占废弃物比重/%	42.3	55.79	60.05	31.58	57.72	51.97	37	25.4	21.77
建筑废弃物/($\times 10^{21}$sej/a)	0.34	0.44	0.51	0.61	0.77	0.89	0.94	1.05	1.15
占废弃物比重/%	8.39	7.58	8.54	4.97	12.43	15.27	22.39	32.29	34.3
液体废弃物/($\times 10^{20}$sej/a)	0.85	0.83	0.93	7.11	1	1.03	1	0.78	0.9
占废弃物比重/%	20.71	14.24	15.58	58.02	16.17	17.61	23.6	23.92	26.78
废气/($\times 10^{21}$sej/a)	1.17	1.3	0.95	0.67	0.85	0.89	0.72	0.6	0.58
占废弃物比重/%	28.61	22.39	15.83	5.43	13.68	15.15	17.01	18.39	17.15
废弃物输出能值/($\times 10^{21}$sej/a)	4.09	5.81	6	12.25	6.19	5.85	4.22	3.25	3.35

4.3　能值指标演变与趋势分析

　　系统的物质流、能量流和货币流等要素以太阳能值为统一尺度，以此为基础建立的能值指标体系可以定量分析、理清系统的结构与功能，人类经济活动与区域自然资源、生态环境之间的内在联系，为实现人类经济活动与自然资源、生态环境相互协调的区域可持续发展提供理论依据[75]。

　　利用历年来绵阳市能值输入输出表提供的太阳能值数据，并以书中建立的能值评价指标计算公式为基准，逐一计算各能值指标，编制出反映研究区历年来能值指标值的表格(表4.6)。

表 4.6　绵阳市能值指标汇总表

	能值指标	2005	2006	2007	2008	2009	2010	2011	2012	2013
社会亚系统	1 能值自给率(ESR)/%	36.47	24.61	25.21	22.65	19.48	19.50	17.91	14.40	18.69
	2 人均能值量/(10^{15}sej/人)	15.56	16.62	19.07	21.38	25.09	29.26	30.44	31.70	36.59
	3 能值密度/($\times10^{12}$sej/m^2)	4.08	4.38	5.07	5.71	6.75	7.83	8.17	8.54	9.89
	4 人均燃料能值/($\times10^{14}$sej/人)	9.59	11.01	10.02	5.85	7.30	8.33	9.01	8.22	7.84
	5 人均电力能值/($\times10^{14}$sej/人)	5.82	6.47	6.28	5.35	6.32	7.71	9.22	8.82	9.63
经济亚系统	1 能值/货币比率/($\times10^{13}$sej/$)	1.41	1.28	1.19	1.15	1.14	1.12	0.91	0.81	0.87
	2 能值交换率(EER)	2.33	2.76	2.80	4.45	4.20	4.95	4.54	4.33	4.03
	3 能值投资率	1.74	3.06	2.97	3.41	4.14	4.13	4.58	5.94	4.35
	4 电力能值比/%	3.74	5.54	4.15	3.02	3.23	3.29	3.16	3.07	2.81
自然亚系统	1 环境负载率(ELR)	2.03	3.95	3.48	3.77	4.68	4.69	5.22	6.87	4.79
	2 可更新能值比/%	33.027	20.199	22.333	20.965	17.608	17.585	16.075	12.701	17.282
	3 废弃物与可更新资源能值	0.150	0.324	0.262	0.506	0.257	0.210	0.159	0.148	0.097
	4 人口承受力/($\times10^4$人)	17.53	10.77	12.01	11.34	9.59	9.53	8.73	6.93	9.46
系统可持续发展能值指标	1 能值产出率(EYR)	0.43	0.36	0.36	0.23	0.24	0.20	0.22	0.23	0.25
	2 能值可持续指标(ESI)	0.21	0.09	0.10	0.06	0.05	0.04	0.04	0.03	0.05
	3 能值可持续发展指标(EISD)	0.49	0.25	0.29	0.27	0.21	0.21	0.19	0.15	0.21

4.3.1　社会亚系统能值分析

1) 能值自给率(ESR)

　　2005～2013 年，绵阳市生态系统能值自给率保持在 17%～37%，总体呈下降趋势，年均降速达 8.02%。绵阳市的系统总利用能值中的绝大部分都来自外界的输入，说明绵阳市生态系统的自给自足能力有限，内部资源匮乏，经济发展极度依赖于外界的支撑。具体表现在原煤、石油、天然气等不可更新资源贫乏，建筑材料资源消耗量大，经济的安全性较低，生态环境比较脆弱。

2）人均能值量

绵阳市人均能值量从 2005 年的 15.56×10^{15} sej 增加到 2013 年的 36.59×10^{15} sej，低于美国 2000 年的 41.8×10^{15} sej；低于澳门 2003 年的 49.0×10^{15} sej；2013 年绵阳市的人均能值用量与意大利的基本相当，是瑞典 2002 年人均能值用量的 88.59%，略低于 2013 年烟台市的 40.44×10^{15} sej 的人均能值利用量。高于全国平均水平及全国多数省区的平均水平[158,159]。从能值利用结构来看，主要是城市建设所消耗的能值量过高所致。

3）能值密度

能值密度（或能值利用强度）是客观评价系统经济发展程度和发展水平的指标，其含义是单位面积耗用的能值量[160]。能值密度越大，表明系统经济开发程度和发展等级越高；同时也表明该系统的环境压力越大。该指标与土地面积有直接的关系，作为各种生态流都高度集中的区域生态经济系统的能值密度一般都较农村地区大。不过，较高的能值密度意味着土地是将来经济发展的制约因素[161]。绵阳市 2013 年的能值密度 $[9.89 \times 10^{12}$ sej/$(m^2 \cdot a)]$ 是 2005 年的 2 倍多 $[4.08 \times 10^{12}$ sej/$(m^2 \cdot a)]$，一直保持着 11.71% 的年增长率势头。

4）人均燃料能值和人均电力能值

人均燃料能值一方面反映了对石化资源的消费水平，另一方面体现燃料使用对环境带来的压力[162]。绵阳市本身缺乏原煤、石油（能值量较小，在计算表中未列出）和天然气的直接供应，生产生活靠外来的补给，在 2005~2013 年 9 年间，原煤用量略有下降趋势，天然气需求量一直持续上升。人均燃料能值除了 2008 年受"5·12"汶川地震影响跌幅较大之外，其数据基本在 7.30×10^{14} sej/人以上。绵阳市电力来源结构简单，主要依赖火力发电和水力发电，而火力发电的能值转换率较高。从显示的数据来看，发电量可以满足绵阳市目前年消耗量，甚至有盈余，有电力输出；火力发电量略有下降（考虑到环境保护的因素），水利发电量在 9 年间以 10.44% 的年平均增速在扩张，这离不开绵阳市丰富的水利资源和开发清洁能源的供应方式。

4.3.2　经济亚系统能值分析

1）能值/货币比率

该比值从某种程度上体现了系统的货币购买能力，比值越大就表明单位货币可购得的能值越多，同时也说明该系统的经济发达程度越低，越需要投入高能值的科技来提高资源的综合效益。一般发达国家的能值/货币比率明显低于发展中国家。能值/货币比率小的国家或地区其自然资源对经济成长的贡献较小，说明该地区的开发程度大。农村的能值/货币比率较高，是因为农村地区很多的能值取自于自然环境资源而无须付费。发展中国家具有较高的比率，因为在这些国家或地区无偿使用大部分环境资源。发达国家由于快速的货币回笼、基数较大以及从外部购买资源，这一比值通常较低。

绵阳市的能值货币比率呈下降趋势，说明该城市的经济状况在不断向良性轨迹前进，但是其值明显高于荷兰、美国、瑞士、烟台、青岛、台湾、浙江、江苏等国家和地区的能值货币比率[163]，这在一定程度上体现了绵阳市生态经济系统的购买力大小，经济发达程度明显低于国内发达地区或发达国家，同时也反映了人类劳动与资源、环境的关系。

2) 能值交换率(EER)

能值交换率越大，表明系统在贸易中得到的能值越多，实际得到了较多的价值财富，在对外贸易中越处于有利地位。相应地经济发展也就得到了较多的刺激和驱动力，资源的需求加大，劳务信息聚集程度增强，能量、货币流动就越快。对于发达国家或地区，进口(输入)能值对其经济发展起到了至关重要的拉动作用，使其拥有更多的资源，能成功地与其他国家或地区竞争。而欠发达国家和地区，在贸易交流中则处于不利地位，大量的能源、原料、矿产等输出，而得到的金钱价值远低于输出的能值财富。

绵阳市的能值交换率在 2005～2007 年平稳上升，但是 2008 年从 2007 年的2.80 突变到 4.45，2010 年最高，为 4.95，其后又以 6.6%的速度下降，但能值交换率均维持在 4.0 左右。这表明绵阳市在对外贸易中是以输入为主，城市真正的财富在不断增加，能值货币流通较快，在对外贸易中处于有利地位。

表 4.7 列出了绵阳市历年来在贸易交流中能值净输入及折合成人民币的情况。可以看出绵阳市的净能值输入在持续增长中，说明绵阳市处于"海绵式"物质输入阶段，需要外援来不断增强其各方面建设之需。

表 4.7 绵阳市 2005～2013 年贸易交流情况

年份	2005	2006	2007	2008	2009	2010	2011	2012	2013
输入能值/($\times 10^{22}$sej/a)	5.25	6.68	7.67	8.94	11.00	12.80	13.60	14.80	16.30
输出能值/($\times 10^{22}$sej/a)	2.25	2.42	2.75	2.01	2.62	2.58	2.99	3.41	4.04
净输入/($\times 10^{22}$sej/a)	3.00	4.26	4.92	6.93	8.38	10.22	10.61	11.39	12.26
折合美元/($\times 10^{9}$\$)	5.11	7.26	8.38	11.81	29.00	35.36	36.71	39.41	42.42
美元汇率/(元/\$)	8.28	8.07	7.81	7.30	6.84	6.83	6.62	6.30	6.29
中国能值货币比率/($\times 10^{12}$sej/\$)	5.87	5.87	5.87	5.87	2.89	2.89	2.89	2.89	2.89
净输入能值折合人民币/($\times 10^{9}$元)	42.30	58.57	65.44	86.18	198.24	241.46	243.09	248.30	266.82

注: 中国能值货币比率 5.87×10^{12}sej/\$来源于参考文献[86]，2.89×10^{12}sej/\$ 来源于参考文献[164]。

3）能值投资率

能值投资率是衡量一个地区经济发展程度和环境负载程度的指标，其值越大，表明系统发展程度越高，对外界各类资源投入的依赖性越强，对本地资源环境的依赖性较弱。2005～2013年，绵阳市生态系统能值投资率以年均12.12%的速度递增，但是波动性明显：2005～2007年波动明显，2008年之后，先呈明显的上升趋势(年均增速为15%)，2012年达到顶峰，而后有所回落。这是因为自2008汶川地震后，绵阳市不断加强城市基础设施及人居环境改善的建设力度，相应增加了建材材料的资源消耗量；同时燃料供应、进口商品、外资投入及旅游外汇收入能值均在不断上涨，对地区生态系统的社会经济发展起到了巨大的拉动作用。一般说来，低能值投资率比高能值投资率地区具有更多未开发利用的资源，具有更好的投资环境，但是投资环境不仅包括环境资源条件，也包括法律、交通、税收、社会秩序等诸多因素，因此，要提高环境资源有限的绵阳市的能值投资率应优化如法律、税收等其他方面的投资环境。

4）电力能值比

电能是一种高品质的能源，其使用量占总能值投入的比例可以反映城市或地区的工业化、电气化和信息化水平[160]。2005～2013年，绵阳市消耗的电力能值比最小值和最大值分别是2.81(2013年)和5.54(2006年)，年均降速为3.51%。对比国内外的数据，2013年绵阳市的电力能值比低于浙江的21.80(2000年)[165]，低于20世纪90年代美国、意大利、瑞典、日本等世界发达国家[166~168]；与四川省内的其他城市也存在着差距，2013年的数据低于成都市(11.57，2009年)[169]，攀枝花(4.88，2000年)[170]，泸州市(6.27，2002年)[171]，四川省(4.78，1998年)[172]。这些都说明绵阳的工业化程度不高，其原因不仅在于输入能值在系统利用总能值中所占比率很大，导致本地资源能值投入相对较少，而且还在于绵阳市有限的石化能源限制着电力，尤其是火力发电。从图4.6看出，原煤和火力发电一直保持着较大的能值量(这两者的能值转换率比天然气和水力发电都高)，且水力发电一直保持着上涨趋势，这与绵阳市丰富的水力资源分不开的。尽管如此，绵阳市火力发电量占不可更新能值投入的比例高达35%～41%，而煤炭资源消耗占48%～57%(表4.8)，说明煤炭和电力是驱动绵阳市工业化的主要能源，但有待进一步提高电力能源的使用效率。

表 4.8　不可更新资源使用能值所占的比重比较(2005～2013 年)　　　(单位：%)

年份	2005	2006	2007	2008	2009	2010	2011	2012	2013
原煤	48.27	47.43	56.81	48.70	49.31	50.59	52.01	50.90	49.77
天然气	15.88	12.57	7.81	13.12	11.61	9.19	9.66	9.48	10.56
火力发电	35.79	39.97	35.36	38.14	39.05	40.13	38.29	39.59	39.65
表土流失	0.05	0.02	0.005	0.01	0.01	0.08	0.03	0.02	0.01
化肥	0.01	0.01	0.01	0.02	0.02	0.01	0.01	0.01	0.01

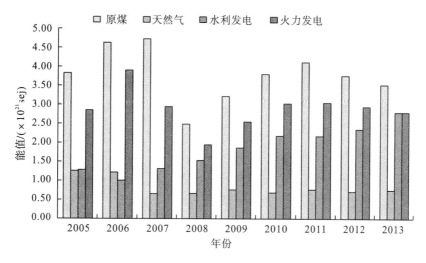

图 4.6   能源能值比较图(2005～2013 年)

4.3.3 自然亚系统能值分析

1)环境负载率(ELR)

环境负载率是系统总利用能值减去可更新资源能值后与可更新资源能值的比值。一般 ELR<3 时,系统表现为低度负荷;3<ELR<10 时,系统表现为中度负荷;当 ELR>10 时,系统表现为高度负荷。因此,2005～2013 年绵阳市的环境负载率以中度负荷状态为主(除了 2005 年为低度负荷),说明本地经济发展已经给环境带来压力。其中,一方面原因是当地的可更新资源占的比重小,另一方面是对原煤、天然气、火力发电等不可更新资源的需求增加。绵阳市属于一个发展中的中等城市,仍然需要大量外来资源尤其是不可更新资源的投入,这将会在未来导致系统总利用能值和强度的不断增加,该系统环境负载率将继续处于不断上升的趋势,需要采取措施进行积极应对才能促进系统的可持续发展。同时,从目前环境负载率发展趋势来看,绵阳市仍然有相当大的发展潜力,应进一步加大能值投入。科学技术属于高能值转换率和高能值等级,因此,应该集中投入科技,提高劳动者的素质,促进科学技术的推广和应用。

2)可更新能值比率

可更新资源能值比率是系统可更新资源能值占系统总利用能值的比值,用来反映可更新资源在系统发展中的地位和作用以及系统的发展水平,其值越高说明系统的发展水平越低,系统对可更新资源的依赖性越强,但也说明系统环境资源较丰富。绵阳市 2005 年可更新资源比率高达 33%,之后比重有所回落,主要是由于外来能值的输入使其比重降低,但是可更新资源能值量中水利发电能值一直保持着年均 10.44%的增长势头,从中可以看出对本地环境资源开发的力度。

3）废弃物与可更新资源能值比

资源利用效率是决定人居环境建设系统运行效率的重要指标之一[3]，废弃物能值比指系统所产生的废弃物能值同输入系统的可更新能值之比（W/R）。反映系统循环过程中对环境压力的状况，同时也间接反映系统资源利用效率。绵阳市废弃物排放统计考虑了对环境影响较大的固体废弃物、建筑废弃物、液体废弃物和废气，各自的太阳能值量比较见图4.7。

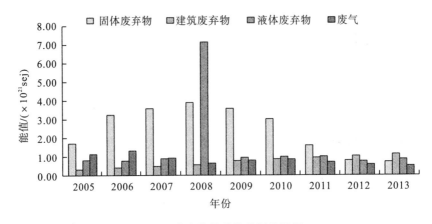

图 4.7　废弃物排放能值量比较图

（1）固体废弃物。固体废弃物考虑了工业固体综合利用率和生活垃圾无害化处理率，从而计算出实际的排放量，数据结果说明工业固体废弃物虽然处理率较高，但是其基数较大，所以实际排放量仍然高于生活垃圾的实际排放量（生活垃圾总量少于固体废弃物，但无害化处理率总体低于固体废弃物综合利用率）。尽管如此，生活垃圾仍然是危及绵阳市生态环境的主要因素之一。

（2）建筑废弃物，俗称建筑垃圾，是指在建筑物新建、扩建和拆毁过程中产生的废弃物质。2005年6月1日起我国开始施行的《城市建筑垃圾管理规定》中规定："建筑废弃物是指建设单位、施工单位新建、改建、扩建和拆除各类建筑物、构筑物、管网等以及居民装饰装修房屋过程中所产生的弃土、弃料及其他废弃物。"建筑废弃物能值与总利用能值比和建筑废弃物能值与所有废弃物能值比体现大规模的城市建设产生的建筑垃圾量，同时又从侧面反映出研究区某一段时间的城市建设的开发强度。绵阳市2005～2013年建筑废弃物能值占所有废弃物的比重呈上升趋势（表4.9），年均增速达19.25%，2012～2013年其比重已经排在首位，这与绵阳市近年来的高强度城市建设有关，它直接伴随着大量城市建筑垃圾的产生。

表 4.9 废弃物能值比重表(2005～2013 年) (单位：%)

年份	固体废弃物比重	建筑废弃物比重	液体废弃物比重	废气比重
2005	42.3	8.39	20.71	28.61
2006	55.79	7.58	14.24	22.39
2007	60.05	8.54	15.58	15.83
2008	31.58	4.97	58.02	5.43
2009	57.72	12.43	16.17	13.68
2010	51.97	15.27	17.61	15.15
2011	37	22.39	23.6	17.01
2012	25.4	32.29	23.92	18.39
2013	21.77	34.3	26.78	17.15
年均增(减)速(%)	-7.97	19.25	3.27	-6.2

(3)液体废弃物。主要统计了工业废水和生活污水,一般而言,这两者是污染水体的主要来源。工业废水实际的排放量少于生活污水的排放量,原因在于前者的工业废水排放达标率基本在96%以上(除了2006为88.26%,2007年为89.40%),后者在2005～2010年的污水集中处理率在43.34%～49.80%,2011～2013年才达到60%以上,未超出 70%。9 年间,工业废水排放量平均约为生活污水排放量的12%。可见生活废水对人居环境的压力更大,更要采取措施减少水资源污染的环境压力。

(4)废气。绵阳市废气中主要污染物是工业二氧化硫和烟尘排放量,从排放总量来看二氧化硫的排放一直居高不下(图4.8),两者均是燃料燃烧的产物,煤炭燃烧是废气排放主要的诱因,这里以历年绵阳市各县、市、区的原煤消耗百分比的变化来做比较分析(表 4.10),以揭示各自的产业发展定位和改善区域空间发展环境的策略。原煤消耗方面,江油市一直独占鳌头,尽管近年来使用量上略有下降,但是在各县、市、区中其用量一直维持在 70%以上的比例,这与江油市的火力发电厂和建筑材料生产(水泥)等是分不开的。除江油市以外的县、市、区虽然在 2005 年的基数(比重)较小,但是到 2013 年都实现不同程度的分化:其中年平均增速最快和下降速度最大的分别是北川县(+17.76%,原煤消耗位居第3)和平武县(-28.68%,原煤消耗位居第9);盐亭县增速虽然位居第2,但是原煤消耗排在第 8,说明其工业化水平不高;安县的原煤消耗位居第2,反映其产业结构调整的力度之大;原煤消耗位居第3的是涪城区,可看出绵阳市中心城区产业调整的方向,逐渐减少石化资源消耗带来的环境代价,提升主要城区人居环境品质的发展战略。这也与"绵江安北"的空间发展策略思想不谋而合。

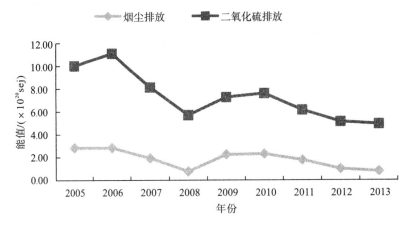

图 4.8　废气排放能值比较图

表 4.10　绵阳市各县、市、区历年原煤消耗百分比　　　　　（单位：%）

地区	2005	2006	2007	2008	2009	2010	2011	2012	2013	比重增速
涪城区	7.14	5.82	5.93	8.5	5.73	4.29	3.46	3.55	4.53	-5.52
游仙区	1.16	1.24	2.13	2.02	1.82	1.27	0.87	1.1	1.4	2.39
三台县	1.55	1.59	2.22	5.11	6.59	4.88	4.54	3.87	3.06	8.89
盐亭县	0.19	0.24	0.33	0.99	0.83	0.9	0.86	0.99	0.53	13.89
安县	5.24	5.39	6.83	9.28	7.8	11.01	8.84	9.19	10.72	9.35
梓潼县	0.47	0.69	1.21	1.24	1.15	0.81	0.6	0.78	0.76	6.35
北川县	1.42	0.98	1.31	0.63	0.77	3.43	4.27	4.49	5.25	17.76
平武县	0.94	1.25	1.25	0.94	0.29	0.27	0.23	0.19	0.06	-28.68
江油市	81.89	82.81	78.79	71.3	75.03	73.13	76.33	75.85	73.69	-1.31

4）人口承受力和人口承载量

人口承载力（又叫环境承载力）是系统可更新资源与人均能值量的比值（R/(U/P)，以目前生活水平为标准。系统所能承载的人口容纳量，其大小决定于系统人口的增长速度与总能值利用的增长速度。绵阳市 2013 年的人口承受力为 9.46 万人，而实际人口为 547.38 万人（户籍人口），远远超过了系统可以承受的人口，环境压力很大。原因在于系统的环境资源有限，可更新资源的投入不能满足绵阳市生态经济系统的发展；系统总利用能值不断增加，但其速度却远远小于人口的增长速度。因此，绵阳市要合理利用环境资源，充分发挥人力资源的作用，必须协调总能值增长速度和人口增长速度，适当控制人口增长。

人口承受力是一个被赋予了自然属性的指标，还有一个反映社会经济属性的指标：人口承载量，为系统可更新资源能值和输入能值之和与人均能值量的比值，即$(R+I)/(U/P)$，2013年人口承载量达到53.97万人，这说明绵阳市需要消耗大量外部输入资源才能维持当前的社会经济发展，相应会消耗大量不可更新资源，势必会危机生态环境安全。

4.4 本 章 小 结

1) 研究区域概况

绵阳市域不同县、市、区的自然、社会经济现状差异明显。西北部(平武、北川)生态环境脆弱，承担的生态责任重大。全域范围多处山地、丘陵地带，便于开发和利用的土地资源相对较少，造成了人类聚居空间分布失衡。市域上来看，主要的工业、商业等集中于涪城区、游仙区和江油市，也是人口空间分布密度最大的区域，而偏远的县域地区，由于交通相对不便、公共服务不到位等原因，造成建成集中区空间规模小、数量多的格局，自身资源优势得不到充分的利用。另外，由于绵阳市长期以来实行"市带县"体制，经济要素向中心城市高度集中，一些有条件快速发展的市、县、镇没能实现有效增长，形成了典型核心-边缘的区域空间结构，区域城镇体系结构还存在着若干不合理的地方。随着城乡统筹、新型城镇化工作的推进，在区域层面上需要通过协调和创造各个地区的发展机遇，制定发展策略，使绵阳各县、市、区都能良性互动，功能互补，尽快在"成(都)德(阳)绵(阳)""成都平原城市群"和"成(都)绵(阳)乐(山)"等区域发展战略中发挥其应有的作用。

2) 系统能值结构

通过对绵阳市基础资料的收集整理，应用Odum的能量系统语言绘制反映系统基本能值结构、输入输出的能量系统图。

能值输入方面，能值利用总量由大到小的顺序是建筑材料能值、可更新资源能值、反馈输入能值、不可更新能值投入，后三者的比重下降的同时，建筑材料比重一直保持平稳的增长。这些都表明绵阳市的社会经济发展处于不发达阶段，需要依赖外部投入来支撑系统的运转。

能值输出方面，商品和服务、劳务、电力输出的能值保持年均约7.60%的增长率，其中商品和服务输出贡献最大，约占到70%的能值比重。可见居民通过教育、保健和职业培训等自我投资方式增加了人的生产能力的投入回报，使得劳务的能值比重年增长率达15.75%，这与科技城建设密不可分。绵阳市的水资源丰富，一直是水力发电和火力发电同时开展，总发电量超出自身的需求量，尚有富余，但是随着自身电力消耗量的增加，输出的电力比重以3.50%的速度在逐年递减，反映出区域社会经济发展对能源需求量的增长。在废弃物排放中，液体和固体的排放量分别得益于污水处理率和固体综合利用率的提高；而建筑废弃物绝对排放量以 16.33%的年增长率在增加，给自然环境带来了不小的环境压力。这反映出人居环境建设中矛盾的一面，在提升空间环境形象、改善基础设施和住房条件的同时，也给自然环境带来一定的负面效应。

3）能值指标演变与趋势分析

社会亚系统方面，能值自给率（ESR）总体呈下降趋势，经济发展极度依赖于外界的支持，具体表现在不可更新资源（如煤、石油、天然气）贫乏，建筑材料资源消耗量大。人均能值量不断增长，主要源于城市建设消耗。9 年间，能值密度一直保持着 11.71%的年增长率势头，一方面表明经济开发程度和等级的提高，另一方面意味着土地是未来经济发展的限制条件。人均燃料能值和人均电力能值都存在着波动变化，前者反映了对石化资源的消费水平，区域的生产生活基本靠外来补给；后者主要靠本地的火力发电和水力发电，可以满足地方的需求，且水利发电量的比重越来越大，说明在开发清洁能源方面尚有潜力。

经济亚系统能值方面，绵阳市的能值/货币比率呈下降趋势，说明该区域的经济状况在不断向良性轨迹前进，但是其经济发达程度明显低于国内发达地区或发达国家。能值交换率（EER）是评价地区对外交易中能值效率的指标，该值越大，越会促进经济发展、加大资源需求、提高劳务信息集聚程度和加快能量、货币流动。绵阳市自地震后的 3 年间（2008～2010 年），能值交换率极速上升，之后回落，但是比震前提升不少。能值交换率的变化反映了绵阳市正处于输入阶段，财富不断增加，能值货币流通较快，处于有利地位。能值投资率值越大，对外来资源投入的依赖性就越强，对本地资源环境的依赖性就越弱，9 年间绵阳市借灾后重建之机加大了各方面基础设施及人居环境建设的投入，使得系统社会经济发展得到了空前的拉动，能值投资率较大。电力能值比表明绵阳的工业化程度不高，煤炭和电力是驱动绵阳市工业化的主要能源，但电力能源的使用效率有待进一步提高。

自然亚系统方面，9 年间绵阳市的环境负载率以中度负荷状态为主（除了 2005 年为低度负荷），说明本地经济发展已经给环境带来了压力。但是作为一个发展中的中等城市，绵阳市对外来资源的需求是不断增加的，这无疑会导致系统总利用能值和强度的不断增加，环境负载率将继续处于不断上升的趋势，因此，需要采取积极措施才能促进系统的可持续发展，比如投入高能值转化率的科学技术。可更新能值比率反映系统对可更新资源的依赖程度，近年绵阳市对可更新资源开发方面的增长主要源于水力发电。废弃物与可更新资源能值比反映区域废弃物排放造成的环境压力，研究表明，固体废弃物（包括工业固体排放和生活垃圾排放）比重以年均 7.97%的速度递减，两者都在不同程度上影响着系统的可持续发展；建筑废弃物以年均 19.25%的速度增长，与区域高强度的人居环境建设密切相关；液体废弃物比重以年均 3.27%的速度递增，反映工业废水和生活污水在制约着区域发展。绵阳市废气中主要污染物是工业二氧化硫和烟尘排放量，原煤消耗江油最多(占 70%)，其次是北川县和涪城区，且北川县增速最快，平武县递减最大，这充分表明绵阳市在工业产业空间分布的变化、改善主城区人居环境以及保护平武生态屏障功能的战略决策。人口压力指标方面，一个是反映系统自然属性(可更新资源)的人口承受力指标，绵阳市 2013 年的人口承受力为 9.46 万人，而实际人口为 547.38 万人(户籍人口)，远远超过了系统可以承受的人口，环境压力很大；另一个是反映系统社会属性的人口承载量指标，以 2013 年绵阳市的可更新资源能值和输入能值能供养的人口承载量是 53.97 万，因此需要系统从外部输入资源以维持系统当前社会经济的发展，这不免会消耗大量不可更新资源，随之带来的是环境污染。因此，一个人口可持续发展的系统，要在发展与需求之间找到平衡，确定合理的人口环境容量。

5 区域系统能值空间差异研究

第 4 章研究立足于区域系统的时间序列动态变化轨迹,表明绵阳市整体上处于经济发展的初级阶段——要素(资源)驱动阶段,属于资源消耗型系统,区域处于可持续发展态势。但是客观上,由于区域内部不同地区的区位条件、自然资源环境、历史、政治、经济、政策等方面的共同作用造成区域可持续发展的空间差异性,这种差异性是区域实施可持续发展战略必须面临的一大现实问题[173],关系到系统能否和谐健康发展的问题。这种差异性对区域或国家的发展利弊兼有,一方面是推动区域社会经济发展的动力和源泉,而另一方面则是过度的区域不平衡会造成区域间利益矛盾冲突和生态环境资源破坏等不可持续现象的发生。因此,必须要进行区域可持续发展空间差异研究,以掌握不同地区的发展状况,找出差异形成的原因;根据区域发展空间差异和空间格局分布状况,制定并实施有利于区域间协调、高效发展的区域可持续发展策略。

本章基于 2013 年的数据,首先从单个要素上对区域不同县、市、区的能值流和能值指标的空间差异进行分析,然后根据发展相似性的原则,对不同县、市、区进行重新归类,为制定差异性的空间发展政策和措施以及建构可持续发展的空间结构格局提供依据。

5.1 能值流空间分布研究

对绵阳市 2013 年各县、市、区生态经济系统的各类能值流(包括自然环境系统和人类社会经济系统)的输入输出情况进行空间分析,解析其空间分布差异及其机理。2013 年绵阳市各县、市、区的能值结构见表 5.1。

表 5.1 2013 年系统能值结构表

项目	行政区								
	涪城区	游仙区	三台县	盐亭县	安 县	梓潼县	北川县	平武县	江油市
系统总利用能值 /($\times 10^{22}$sej)	6.39	4.29	2.89	0.73	0.49	0.35	0.72	1.99	2.07
可更新资源能值 /($\times 10^{21}$sej)	0.32	0.58	1.13	0.75	1.19	0.9	6.68	18.7	1.62
不可更新资源消耗能值/($\times 10^{21}$sej)	2.31	0.41	0.36	0.14	0.51	0.21	0.21	0.13	0.98

续表

项目	行政区								
	涪城区	游仙区	三台县	盐亭县	安县	梓潼县	北川县	平武县	江油市
输入燃料能值 /($\times 10^{19}$sej)	52.7	7.13	13.1	1.95	44.8	3.32	18.6	0.41	287
进口商品能值 /($\times 10^{19}$sej)	397	8.66	0.4	0.09	0.02	0	0	0	1.5
外商投资能值 /($\times 10^{19}$sej)	51.7	6.48	5.51	1.22	5.03	1.82	6.48	1.26	18.2
建筑材料能值 /($\times 10^{22}$sej)	5.62	4.18	2.73	0.66	0.31	0.24	0.03	0.1	1.5
输入总能值 /($\times 10^{22}$sej)	6.12	4.19	2.74	0.66	0.32	0.24	0.03	0.1	1.81
可更新能值/系统 总能值/%	0.16	0.29	0.57	0.38	0.6	0.45	3.35	9.39	0.81
不可更新能值/系统总 能值/%	1.16	0.21	0.18	0.07	0.25	0.11	0.11	0.07	0.49
输入燃料能值/总输入 能值/%	0.32	0.04	0.08	0.01	0.2	0.02	0.11	—	1.77
输入商品能值/总输入 能值/%	2.45	0.05	—	—	—	—	—	—	0.01
外商投资能值/总输入 能值	0.32	0.04	0.03	0.01	0.03	0.01	0.04	0.01	0.11
建筑材料/总输入能值	34.66	25.76	16.86	4.05	1.92	1.45	0.17	0.63	9.27
系统总输入能值/系统 总能值/%	30.74	21.05	13.76	3.31	1.59	1.19	0.17	0.52	9.09

注：表中百分比数值计算时，总输入能值和系统总能值包括各县市区的总数据。

1）可更新资源能值输入

可更新资源能值投入的空间差异较为明显，该值主要是由雨水势能决定的，根据雨水势能的公式，可知可更新资源能值的大小与各县、市、区行政区面积、降雨量大小、海拔和地表径流系数等影响因子有关。从图 5.1 可以看出，可更新资源能值投入的高值聚集区位于绵阳市域西北部的北川县和平武县，这源于北川县和平武县两地的地形地貌及丰富的降雨量(图 5.2)，使其蕴含的可更新资源在区域内拥有绝对的优势。北川县全境皆山，境内最高峰海拔和最低点的相对高差为 4229m。地势西北高，东南低，由西北向东南平均每公里海拔递降 46m。北川年均降水量 28.76 亿 m³，水能资源理论蕴藏量较大，目前开发量较少。平武县属于典型的山地地貌，境内海拔 1000m 以上的山地占总面积的 94.33%。地势西北高、东南低，西北部为极高山、高山，向东南渐次过渡为中山、低中山和低山。境内最高峰海拔和最低点的相对高差为 5000m，和北川县一样，水能理论蕴藏量为 142 万千瓦,截至 2010 年仅开发 1.7 万千瓦。一方面,地形带来生态灾难频发,不利于人口大规模集聚;另一方面,作为"绿色屏障"和潜在的水力资源,对区域其他聚居区的社会经济贡献又功不可没。因此,如何开发利用北川县和平武县的优势,将是区域共同发展的重要课题之一。除平武和北川县之外,其他县、市、区的能值分布格局不显著,因为影响雨水势能的因子之间相互抵消,使得可更新资源能值在空间上差异不大。

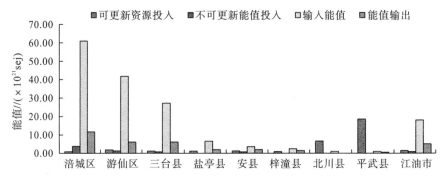

图 5.1　能值输入输出单项指标比较图(2013 年)

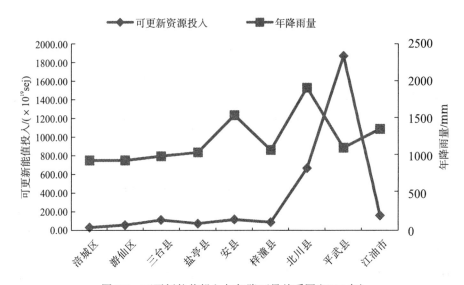

图 5.2　可更新能值投入与年降雨量关系图(2013 年)

2)不可更新资源能值投入

不可更新资源能值投入主要统计了 2013 年绵阳市各县、市、区的电力消耗和化肥使用能值(图 5.3)。

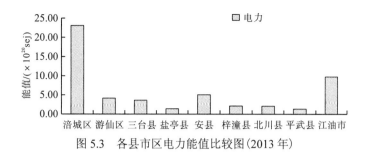

图 5.3   各县市区电力能值比较图(2013 年)

从图 5.3 中看出，电力能值的区域差异显著，尤其是涪城区高居第一位，其能值为 $2.31×10^{21}$sej/a，是江油市的 5.58 倍(第 2 位)。电力主要用于生产与生活，经过对原始数据的分析发现，2013 年绵阳市规模以上工业生产消耗的电力约占年总消耗量的 60%，各县、市、区电力消耗的大小与其各自的工业总产值有一定的关联：涪城区(307.51 亿元，占 57%)、江油市(118.94 亿元，占 44.26%)、游仙区(79.85 亿元，占 49.87%)、安县(41.34 亿元，占 44.02%)。电力的使用在一定程度上可以反映地方工业对社会经济的贡献程度以及人们的生活水平。

化肥代表各县、市、区农业上的投入，虽然它所占据的能值比例极少，但可以从图中解读出区域内农业的空间分布，综合 2013 年各县、市、区农林牧渔业产值图(图 5.4)，得到其农业空间分布特征如下：位于西北部的平武县和北川县属于典型的山地地域，可开垦的农业用地有限，再加上交通条件和经济条件的限制，使得农业产出较低，为受到自然条件和经济发展水平双重约束的低质集聚区。农业高质集聚区分布在三台县，三台县是绵阳市户籍人口最多的县(147.5 万，占市域 30%)，其行政区面积 2659.38km²，仅次于江油市(2720.15km²)，历来是农业大县，该区域地势平坦，灌溉水源丰富，交通条件良好，是发展农业的最佳区域。此外，涪城区、游仙区、江油市、安县和梓潼县在空间上分布特征不显著，但是结合发展农业的基础条件来看，涪城区、游仙区、江油市为人口相对密集、城市化率和工业化率较高的地域，经济发展水平高，其农业空间易受到城市拓展的限制，为社会经济发展冲击的地域。安县和梓潼县为传统的农业区域，需加大农业技术的推广、投入，提高产值，走农业现代化的道路。

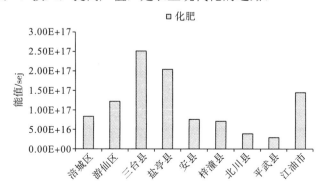

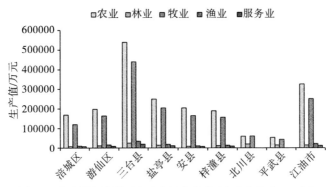

图 5.4　化肥消耗能值(a)及农林牧渔业(b)产值图(2013 年)

3) 外界输入能值

外界输入能值包括了能源消耗(原煤和天然气)、进口货物、外汇旅游收入、外商投资以及建筑材料消耗能值。能源作为经济运行的重要物质基础是驱动经济发展的动力源头，也是整个社会生产和居民生活正常运转的"血液"。绵阳市是一个能源依赖型的地域，且以原煤和天然气消耗为主，江油市消耗最大(2.61×10^{21}sej/a)，是居于第 2 位的涪城区(1.60×10^{20}sej/a)的 5.45 倍，其中江油市原煤消耗能值是涪城区的 16.3 倍，这与江油市的产业性质有直接的关系。

旅游业收入方面，绵阳市外汇旅游收入较差，从 2005～2013 年，虽然旅游总收入以年均 25.08%的速度递增，但是外汇旅游收入方面却以平均每年 11.70%速度递减。不仅绵阳市是这样，2014 年某研究机构发现中国近十年来的旅游收支逆差正急剧增加，入境旅游陷入低迷，国外游客对中国的旅游兴趣指数和关注程度正在不断降低，这种现象被认为是在一定程度上受到大气污染、人民币升值和食品安全问题等负面信息的干扰。旅游业是一种拉动效应很强的绿色产业，在拉动内需、吸纳就业岗位、推动关联行业、改善产业结构方面起着举足轻重的作用。一般情况下，当旅游总收入占到当地国内生产总值的 5%时，旅游业即步入高速发展和市场转型的关键阶段。2013 年全市旅游业收入占的比重已达 14.12%，对绵阳市整个经济已经产生明显的影响，在此之前的 2008 年受自然灾害的影响，绵阳市的旅游业陷入低迷，之后 3 年(2008～2011 年)有一个缓慢的增长期。随着人们生活方式、休闲方式和消费结构的转换，按照现在的发展势头，绵阳市需要抓住机会，完善旅游业发展模式，让旅游经济形成联动效应。

建筑材料是建筑业的物质基础。据统计，在房屋建筑工程中建筑物成本的2/3 属于材料费；每年建筑工程的材料消耗量占全国总消耗量的比例大约为：钢材占 25%、木材占 40%、水泥占 70%[1]。绵阳市建筑材料消耗能值量与各县市区建筑施工面积高度吻合，这与近年来如火如荼的住房需求有很大的关系，作为区域

---

① 来源网站：我国建筑业材料消耗的现状及建筑节材存在的问题. http://www.fdcew.com/ewxt/djr/76959_3.html.

内城镇人口较多、建成区面积较大的涪城区、游仙区、三台县和江油市消耗的建筑材料高居前列，消耗能值数据依次是 5.62×10^{22} sej/a、4.18×10^{22} sej/a、2.73×10^{22} sej/a 和 1.50×10^{22} sej/a。另外，进口货物(涪城区最大)和外商投资能值(江油市)与输入能值中其他类别项目比较，数据较小，这里不再讨论。

4)输出能值

原始数据统计中输出能值包括了系统为出口和为本地城镇以及农村居民提供的商品和服务能值，劳务输出是以各县、市、区工资性货币输出来代表。涪城区提供的出口商品最多，是居于第 2 位的游仙区的 3.95 倍，其他县、市、所在份额很少。为本地城镇和居民日常生活提供的商品和服务消费能值反映出空间的差异，单从人均消费能值分析来看，涪城区和游仙区较大，其次是北川县和江油市，涪城区、游仙区和江油市为社会经济基础较好的地区，而北川县自 2008 年地震之后，受到国家和地方政策支持后，其发展势头较好。

信息和人类劳务包含能量，如何定量研究信息和人类劳务是一大难题。"人类是地球系统信息的管理专家，他们应用高度发达的信息工具、社会机构及研究机构处理大批量信息，控制生物和非生物的活动和运行"[61]。人类对系统各方面活动的"智力"投入转换为以货币为单位的工资性支出。用能值/货币比率乘以工资得到的能值来评估人类劳务。计算结果表明，劳务输出能值较大者分布在涪城区(3.98×10^{21} sej/a)、游仙区(2.59×10^{21} sej/a)和江油市(1.33×10^{21} sej/a)，这反映出这些地域在经济、产业、就业人口上的区域优势。

5.2　能值指标空间差异分析

为了反映区域内不同县、市、区的生态经济系统发展现状以及内部空间差异情况，在 ArcMap10 软件平台上建立了绵阳市生态系统能值空间数据库，借助 ArcMap 的自然间断点分级法(natural break)功能对筛选出来的代表性指标数据进行分级处理，分别设定 3 级。根据分级结果，对绵阳市生态系统各层面发展水平的内部空间差异性进行了客观分析与综合评价。

搜集 2013 年原始数据与基础资料，来源渠道同章节 4.2，指标计算方法同 3.3 节，最终得到 2013 年绵阳市各县、市、区能值指标(表 5.2)。

表 5.2　绵阳市各县市区能值指标汇总表(2013 年)

	能值指标	涪城区	游仙区	三台县	盐亭县	安　县	梓潼县	北川县	平武县	江油市
社会亚系统指标	1 能值自给率 (ESR)/%	4.114	2.315	5.138	12.109	31.902	31.56	92.899	94.752	12.546
	2 人均能值量 /($\times 10^{15}$ sej/人)	91.151	77.63	19.676	12.258	11.919	9.156	30.762	108.087	23.302

	能值指标	涪城区	游仙区	三台县	盐亭县	安县	梓潼县	北川县	平武县	江油市
	3 能值密度 /(×10^{12}sej/m^2)	115.272	42.149	10.91	4.488	4.503	2.445	2.408	3.341	7.613
	4 人均燃料能值 /(×10^{14}sej/人)	7.522	1.287	0.889	0.032	10.038	0.863	7.733	0.223	32.306
	5 人均电力能值 /(×10^{14}sej/人)	32.972	7.476	2.447	2.348	11.328	5.514	8.71	7.287	11.005
经济亚系统指标	6 能值/货币比率 /(×10^{12}sej/\$)	7.443	16.86	10.255	6.185	3.566	2.983	13.534	39.994	4.85
	7 能值交换率 (EER)	5.2471	6.8176	4.3376	2.9918	1.6697	1.5115	0.4422	1.4819	3.4562
	8 能值投资率	23.309	42.202	18.461	7.42	2.135	2.169	0.076	0.055	6.97
	9 电力能值比/%	3.62	0.963	1.244	1.916	9.504	6.022	2.831	0.674	4.723
自然亚系统指标	10 环境负载率 (ELR)	200.453	72.996	24.683	9	3.465	2.916	0.11	0.063	11.783
	11 可更新能值比	0.4964	1.3514	3.8936	10.1908	22.3966	25.5364	90.0666	94.0773	7.8229
	12 废弃物与可更新资源能值比	3.5394	0.9322	0.3732	0.1821	0.1565	0.1085	0.0155	0.0021	0.4383
	13 人口承受力 /(×10^{4}人)	0.35	0.75	5.74	6.12	9.98	9.82	21.72	17.3	6.95
系统可持续发展指标	14 能值产出率 (EYR)	0.1906	0.1467	0.2305	0.3342	0.5989	0.6616	2.2613	0.6748	0.2893
	15 能值可持续指标 (ESI)	0.001	0.002	0.0093	0.0371	0.1728	0.2269	20.5033	10.7191	0.0246
	16 能值可持续发展指标 (EISD)	0.005	0.0137	0.0405	0.1111	0.2886	0.3429	9.0671	15.8843	0.0849

将表格中各项能值指标信息进行分析，重点解析各能值指标的空间格局分布差异、规律与特征，以此为基础，结合绵阳市的自然基础条件、社会经济状况以及资源利用效益水平等因素，探讨与分析其空间格局差异的原因，以期为因地制宜制定生态经济系统发展模式提供科学决策。这里不对表 5.2 中的指标进行一一分析，仅仅选取一些空间差异显著，内在形成机理能够最大程度上反映系统社会-经济-自然属性特征的指标进行分析。

5.2.1　自然属性差异

依据能值理论，可更新能值比(fraction of renewable energy used，FRR)越高，环境负载率(environment loading ratio，ELR)越低的县、市、区自然环境基础条件水平相对越高；反之，则相对越低。从图 5.5 可以看出这 2 个指标的地理表达上有很强关联性。自然环境基础条件高的地区主要集中在平武县、北川县等西北山区，可更新能值比均在 90%以上，ELR 小于 1，这两个县的山区面积大，森林资源丰富，水力资源丰富，年降雨量均在 1000mm 以上，其中 2013 年北川降雨量接近 2000mm；且高海拔使雨水势能潜能积聚量大(雨水势能与海拔、降雨量有关)(图 5.6)，总体来说呈"西北高，东南低"的地形地貌，西北部最高处——岷山主峰雪宝顶海拔 5588m，东南部最低处——涪江二郎峡椒园子河谷海拔600m，两地高差近 5000m，是自然生态环境优质、自然条件十分优越的区域。其次是安县和梓潼县，两者的可更新能值处于第二等级(数据分别是 22.40%和25.53%)，而环境负载率均处于第三等级(数据分别是 3.465 和 2.916)，2013 年安县(1544.5mm)和梓潼(1079.1mm)的降雨量次于北川县(1912.50mm)、平武县(1109.50mm)和江油市(1360.6mm)，在平均海拔方面也低于平武县和北川县。相比较而言，涪城区、游仙区、三台县属于可更新能值比低、环境负载率高的地区；江油市和盐亭县次之。

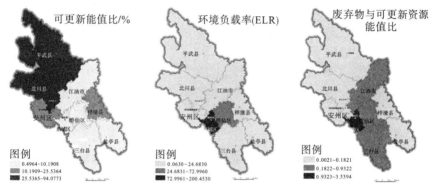

图 5.5　可更新能值比、环境负载率以及废弃物与可更新能值比空间差异分级图

资料来源：2016 年 5 月四川省测绘地理信息局制，审图号：图川审(2016)018 号

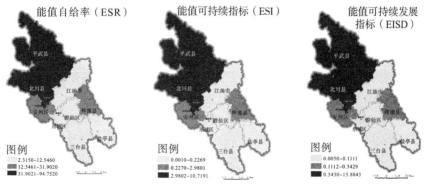

图 5.6　能值自给率、能值可持续指标与能值可持续发展指标分级图

资料来源：2016 年 5 月四川省测绘地理信息局制，审图号：图川审(2016)018 号

废弃物与可更新资源能值比在空间差异明显，涪城区的废弃物排放量能值最大，而可更新能值最小，得到的结果共同反映了涪城区在区域中社会经济和自然属性上的差别。

　　总之，以上数据反映出的信息表明，区域特征具有显著性差异：①平武县和北川县是绵阳市域内自然生态环境最为优质的区域；涪城区和游仙区是受到社会经济干预最为集中的地域，工商业较为发达、人口密集、资源利用强度大，受到的生态安全威胁最大。②其他县、市、区受到的影响有侧重，或为自然因子，或为人为因子，或两者兼有。

　　与可更新能值比、环境负载率的空间分布相似性较强的指标还有能值自给率(ESR)、能值可持续指标(ESI)和能值可持续发展指标(EISD)(图 5.6)。EISD是综合了生态经济系统中"社会-经济-环境" 3 个子系统的复合评价指标。该指标越高说明系统可持续能力越强，越低则说明系统可持续发展动力越不足，障碍越多。可持续发展是生态经济系统追求的重要目标。EISD 指标等于能值产出率乘以能值交换率再除以环境承载率，即 EISD=EYR*EER/ELR，用它来研究系统的可持续发展状态。能值可持续指标(ESI)和能值可持续发展指标(EISD)利用自然断点法分级的结果在空间分布上一致，参考 ESI 指数的划分(即当 ESI 小于 1 时，表示生态经济系统是资源消耗型系统；当 ESI 在 1~10 时表示系统富有活力和发展潜力；当 ESI 大于 10 时则是经济不发达的标志)，北川县和平武县属于经济不发达的地区，尽管修正后的北川县的 EISD 的值(9.0671)在 1~10，表明系统富有活力，这在一定程度说明该区在灾后重建中获益，但是总的经济状况仍然很弱。能值自给率、能值可持续指标和能值可持续发展指标这三个指标在各县、市、区空间分布上具有高度的拟合性，且北川县和平武县的能值自给率分别是 92.90%和 94.75%，远远高于排在第 3 位的安县的数据(31.90%)，更进一步阐释了平武县和北川县现有的生态经济系统是一个蕴藏自然资源"自然属性"主导的地域。

5.2.2　经济特征差异

　　能值投资率(EIR)和能值产出率(EYR)能在一定程度上反映生态系统中经济发展水平。从图 5.7 可知，高能值投入区为游仙区，该区输入总能值 4.20×10^{22} sej/a，位居第 2，约为涪城区输入总能值的 68.63%，但是在不可更新资源投入上，涪城区 $(2.31 \times 10^{21}$ sej/a) 是游仙区 $(4.14 \times 10^{20}$ sej/a) 的 5.58 倍，另外两个地区的可更新资源能值投入相当，因此，游仙区的能值投资率最高。西北部山区的平武县和北川县属于低能值投入区，能值投资率小于 1，通过数据分析发现这两个地区的可更新资源能值投入占主导，输入能值占总投入的比重小，经济不发达，综合效益差。

　　从能值总输入量方面来分析，可分为三类，位居前四位的是涪城区 $(6.12 \times 10^{22}$ sej/a)、游仙区 $(4.20 \times 10^{22}$ sej/a)、三台县 $(2.75 \times 10^{22}$ sej/a) 和江油市 $(1.81 \times 10^{22}$ sej/a)，其次是盐亭县 $(6.61 \times 10^{21}$ sej/a)、安县 $(3.62 \times 10^{21}$ sej/a)、梓潼县 $(2.41 \times 10^{21}$ sej/a)、平武县 $(1.04 \times 10^{21}$ sej/a)，最后是北川县 $(5.27 \times 10^{20}$ sej/a)。这 3 类划

分可以看出，能值输入量的等级差异显著，且各类的能值来源有区别。反映出绵阳市各县、市、区在人居环境建设方面的极度不平衡。

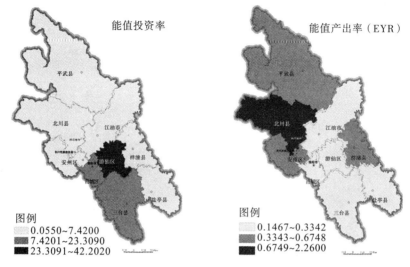

图5.7　能值投资率与能值产出率分级图

资料来源：2016年5月四川省测绘地理信息局制，审图号：图川审(2016)018号

　　能值产出率反映了系统的竞争力与系统运转效率。除北川县以外，其他各县市区的能值产出率均小于1，表明这些县、市、区经济不发达，效率不高，且各县、市、区之间的等级差异性不明显。安县、梓潼县和平武县的能值产出率高于涪城区、游仙区、三台县、盐亭县和江油市，其原因在于这3个区域能值投入较低、经济活力差。现有发展基础较好的涪城区和游仙区却具有相对良好的经济环境，但是属于资源耗费型，效率不高，导致能值产出率不高。北川县的能值产出率虽然大于1，但是最主要原因是能值输入值最小，仅为5.27×10^{20}sej/a，是涪城区的0.86%，同样也说明其经济基础薄弱。

5.2.3　社会发展水平差异

　　人均燃料和电力能值大小在很大程度上说明了区域能源消耗和人们的生活水平。人均电力能值和人均燃料能值分级见图5.8，其中人均燃料能值较高的地区主要集中在绵阳市中部城市(江油市、涪城区、安县和北川)，取值范围在$1.2871 \times 10^{14} \sim 32.3060 \times 10^{14}$sej/人，其中江油市的原煤消耗最大($2.61 \times 10^{21}$sej/a)，排在后三位的城市分别是安县($3.79 \times 10^{20}$ sej/a)、北川县(1.86×10^{20}sej/a)和涪城区(1.60×10^{20}sej/a)。同时，天然气的消耗较大的前三位地域主要集中在人口密集的涪城区、江油市、安县，其次是西北部的平武县，东南部的游仙区、三台县、盐亭县和梓潼县，这与这些地方的生产方式、城镇化水平、气化率有很大的关系。

人均电力能值较高的区域集中在中部和西北部城市，且各个县、市、区的数据差异较大，其中涪城区最大(32.972×10^{14}sej/人)，约是安县的 3 倍(11.328×10^{14}sej/人)，后三位分别是江油市(11.005×10^{14}sej/人)、北川县(8.71×10^{14}sej/人)和游仙区(7.476×10^{14}sej/人)。人均电力消耗能值反映人们的生活质量、城市在区域中的经济社会地位和区域空间发展导向。

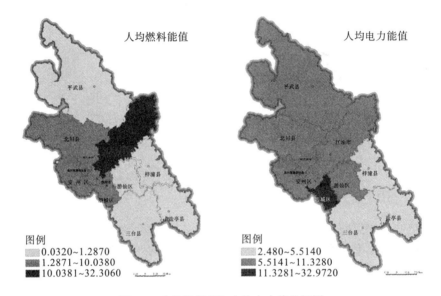

图 5.8　人均燃料值与人均电力值分级图

资料来源：2016 年 5 月四川省测绘地理信息局制，审图号：图川审 (2016)018 号

人均能值量与能值密度分别反映了地区的真实财富总量、人口及土地特征，空间分布见图 5.9。

人均能值量较大的区域分布在可更新资源能值最大的平武县(108.0872.61×10^{15}sej/人)以及社会经济活动较为集中的涪城区(91.151×10^{15}sej/人)和游仙区(77.63×10^{15}sej/人)。能值总量位居前 5 位的分别是涪城区(6.39×10^{22}sej/a)、游仙区(4.30×10^{22}sej/a)、三台县(2.90×10^{22}sej/a)、江油市(2.07×10^{22}sej/a)和平武县(1.99×10^{22}sej/a)。户籍人口总数分别是：涪城区(70.06 万人，第 3 位)、游仙区(55.38 万人，第 5 位)、三台县(147.50 万人，第 1 位)、江油市(88.87 万人，第 2 位)和平武县(18.39 万人，第 9 位)。综合计算结果见图 5.9。能值密度较大的是在涪城区和游仙区，这两个区域的行政区面积在市域内最小，但却是社会经济生态流最为集中、开发强度较大的地段，这更加明确了该区在区域内的能值等级高的状态。

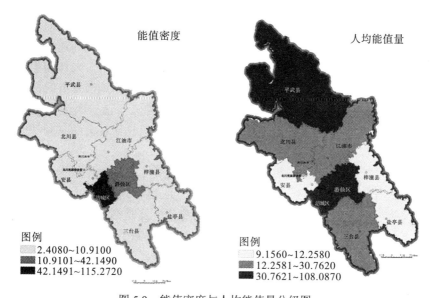

图 5.9　能值密度与人均能值量分级图

资料来源：2016 年 5 月四川省测绘地理信息局制，审图号：图川审 (2016) 018 号

平武县的能值货币比率最大 (39.994×10^{12} sej/\$)，该地区的财富主要来源自然环境而不是用货币购买的，国民生产总值最小，更进一步说明其和外界的贸易很有限。能值利用总量和国民生产总值都最大的是涪城区，其能值货币比率是 7.448。虽然梓潼县的能值货币比率最小 (2.983)，但是如果根据"能值/货币比率的定义，该数据越大表明经济越不发达"来评判地方的经济发达程度，就有些牵强了。

5.3　能值指标区域差异机制

5.3.1　区域划分的依据

本部分的"区域"不是各县、市、区行政辖区的范畴，而是根据各行政区域生态经济系统的发展趋势和特征的相似性进行重新归类，为各子区域在整个区域中的发展明确方向。5.1 节和 5.2 节分别针对各县、市、区的能值结构和能值指标进行了比较研究，从各个系统总的能值利用量所反映出的能值等级来看，涪城区和游仙区属于高能值集聚区，其次是三台县、江油和平武县，最后是总能值等级较低的盐亭县、北川县、安县和梓潼县。一般说来，从各系统社会经济发展层面来看，不同的能值等级反映了各系统空间在"流"（或系统构成要素）的流速、流量、类型等方面存在着差异，从而导致各个空间系统处于不同的发展阶段：低速发展时期的流非常低、流速很慢，流的内容少，主要表现为人流，即人口的迁移和初级的物流；随着社会经济的发展，流的空间逐渐扩大，流的速度加快，流的内容也不断丰富，区域由封闭走向开放，在市场经济条件下，人口和生产要素处于快速流动之中，信息的传递和转移也随之加快；在高速均衡发展时期，人类进入了信息经济的网络时代，信息社会是围绕着各种流，诸如人流、物流、资本流、技术流、信息流等而建构的，它们共同构成了信息化社会的空间基础，互联网的形成标志着信息流达到了空前发展的程度[141]。

事实上，能值等级高未必意味着社会经济发展能力强，还须考虑能值来源，如涪城区和游仙区主要受益于购买的输入能值(达到 90%以上)，在区域中社会经济相对发达；而平武县和北川县 90%以上的能值财富是源于本地区的自然资源能值，属于欠发达地区，能值总量略低于江油市(主要源于外部输入能值)，但平武县的经济发展水平是无法和江油市相比的。所以分属两个不同能值来源的系统实际上具有不同的发展路径(不存在孰优孰劣的问题)，维系各自系统可持续发展的运行机制是不同的，所面临的"瓶颈"或限制性条件方面是有区别的。

所以本部分的主要目的就是进一步透过能值流和能值指标所反映出的各县、市、区在人口、资源环境、社会、经济等方面的特征来进行区域划分，目的是为因地制宜制定相应的空间发展策略提供参考。因此，在空间划分时综合考虑自然、人口、产业发展(农业和工业)等几个因素。

1) 人口流动差异

这里引入物理中"势能"的概念，各种事物在空间中都有自己的势能，两个或两个以上的物体相比较会存在势能差，这个势能差在一定条件下会转化为周围环境输送和扩散自己的势能的动力。这里借用势能概念，即在特定的区域内，由于社会条件、经济状况、自然承载力、能量来源、人口等因素在不同地点的不同组合所形成的差别程度，包括区域社会势能、区域经济势能、区域人口势能等。由于不同区域间存在不同方面(经济、社会等)的势能差，导致区域在吸收和转移人口资源方面的能力和强度不同[174]。

绵阳市的城乡经济社会发展存在着严重的二元结构，城乡分割，城乡差距不断扩大，"三农"问题日益突出。在各县、市、区中仅有涪城区是一枝独秀，支撑其发展的其他各县、市、区发展缓慢，从2005～2013年人口流动情况就可见一斑(表 5.3)。经济发展史表明，工业化进程在带来农业机械化的同时，也带来了农业劳动力的剩余及工业化对劳动力的需求，这种需求使农业人口的流动成为必然。以农村家庭为单位的人口流动，促进了工业化、城市化进程，同时，也是工业化、城市化和社会发展的结果。表 5.3 显示仅有涪城区为人口输入的区域，说明其具有一定的人口集聚的驱动因子，而其他各县、市、区，尤其是三台县和盐亭县的人口输出量较大，这恰恰与其第二产业产值占的比重居于末尾，第一产业居于前列的情况相吻合。

表 5.3　绵阳市 2005～2013 年人口流动情况　　　　　（单位：万人）

地区	2005	2006	2007	2008	2009	2010	2011	2012	2013
涪城区	3.26	4.12	4.87	6.24	6.55	12.37	17.03	14.19	12.92
游仙区	-4.34	-3.94	-4.44	-4.56	-6	-5.47	-5.57	-5.95	-6.06
三台县	-25.73	-24.96	-28.92	-34.12	-34.25	-38.68	-43.03	-42.86	-42.98
盐亭县	-5.58	-10.79	-6.04	-5.8	-5.6	-11.06	-17.44	-17.03	-16.84
安县	-0.05	-0.97	-2.4	-2.75	-2.42	-4.63	-7.14	-6.49	-5.99
梓潼县	-2.79	-3.05	-2.79	-2.6	-3.25	-5.69	-8.04	-7.83	-7.57
北川县	-0.73	-0.71	-0.74	-0.3	-2.2	-3.29	-4.26	-4.11	-3.89
平武县	-1.2	-1.22	-1.26	-1.64	-2.25	-1.7	-1.39	-1.29	-1.21
江油市	-3.57	-4.16	-3.64	-3.33	-3.5	-7.29	-11.45	-10.65	-9.92
汇总	-40.73	-45.68	-45.36	-48.86	-52.92	-65.44	-81.29	-82.02	-81.54

注：人口输出数据=常住人口-户籍人口，其中常住人口=国内生产总值/人均国民生产总值，户籍人口从《绵阳市统计年鉴》中获得。表中"-"号为流出人口。

2）社会经济空间集聚程度

各县、市、区的能值贡献主要集中于建成区，这里的空间限定为城镇与区域（urban and region）聚落的物质空间形态。在理论观念上，空间发展研究将区域与城镇看作是一个完整的、内生的、多因子互动的生态系统（ecosystem），而不是各部分孤立的个体，总体也不是各部分或个体机械的叠加与混合，而是将整体的、综合的、内生的新发展观引入到空间的研究中。

前述研究从能值角度已经明确绵阳市处于一种空间发展极不平衡的状态。段进[175]认为，不平衡发展（unbalanced development）是城市空间发展过程的基本规律，它说明空间在区位和规模大小的发展上存在不同的时序。空间差异既是城市不平衡发展的结果，也是不平衡发展的成因。空间梯度（space gradients）是描述地域空间差异的重要概念之一，空间多样化梯度、城市化的梯度、经济梯度和规模梯度等的形成是由于资源分布的不均衡造成的。在无干预的状态下，城镇空间梯度是对人口、经济、技术、自然资源等多种梯度综合作用的体现。梯度意味着差异，绵阳市城镇规模结构呈典型的首位分布特征，绵阳城区与江油城区人口规模之比值即达到 2.8；在 6 个县域内，县城都是该县的首位城镇，各县城镇首位度均在 4.0 以上，反映出县城在市域城镇发展中的重要地位，且县域城镇等级规模也呈现出首位分布的特点。无论是"梯度"还是"等级"都表明是有区别的发展状态。

为了更好地揭示人口、土地、经济发展在区域空间上的不平衡状态及各因子之间的联系，本书通过分析单位用地面积所承载的人口规模、经济密度、工业化率和城镇化率指标来展开相关研究，因此设定的 4 个指标计算方法如下：

(1)人口密度，即某一区域内常住人口总量与区域面积的比值，单位是人/km²。

(2)经济密度，即某一区域内国民生产总值总量与行政区域面积的比值，单位是万元/km²，表示单位面积上经济活动的效率和土地利用的密集程度。

(3)工业化率，等于工业增加与国内生产总值的百分比，一般而言，工业化率达到20%~40%，为工业化初期；40%~60%为半工业化国家；60%以上为工业化国家。

(4)城镇化率，即某一区域内非农业人口与常住人口的百分比，表征区域的人口集聚能力。

计算结果(表 5.4)更进一步显示了人口密度、经济密度、工业化率和城镇化的高度拟合性。其中属于特例的有两个城镇：一是北川县，北川县的人口城镇化滞后于工业经济的发展，主要是因为灾后新县城异地选址，灾民统一迁移安置的结果，灾前(2005~2007 年)的城市化率接近 14%，灾后(2008~2013 年)的城市化率一直处于持续上升阶段，属于人为干预的结果；另一个是安县，安县的城镇化率远远滞后于工业化率，其原因在于近年来绵阳市制定的"绵江(油)安(县)北(川)"的空间发展转略有关，从而引起工业空间布局调整，数据显示 2005~2013 年，该县的工业化率以年均 13.19%的速度递增。这两种情况都不利于可持续发展，因此，在未来发展策略上要进行改进。

表 5.4 中数据表明了工业化率和经济密度呈现西北部和东南部偏低，中部偏高(涪城区、游仙区、安县和江油市)的空间格局。涪城区在区域发展中具有核心地位和辐射能力，土地对人口的承载力较大的区域集中在与涪城区比邻的县、市、区(游仙区、三台县、安县和江油市)。涪城区、游仙区、北川县和江油市的城市化率为 30%~70%，根据美国地理学家佱瑟姆(Ray. M. Northam)提出的城市化发展的 S 形曲线模型，该阶段处于城市化的中期阶段，是城市化速度提高最快的时期。

表 5.4　绵阳市 2013 年表征人口和经济的相关指标

地区	人口密度/(人/km²)	经济密度/(万美元/km²)	工业化率/%	工业产值占的比重/%	城镇化率/%
涪城区	**1496.59**	**1547.45**	**54.96**	**21.13**	**60.58**
游仙区	**485.54**	**251.04**	**47.34**	5.49	**41.83**
三台县	393.02	106.42	10.67	2.02	21.64
盐亭县	262.62	72.34	8.12	0.71	25.51
安　县	326.72	126.15	42.38	2.84	18.71
梓潼县	213.86	81.72	35.84	2.05	21.83
北川县	65.59	17.78	18.85	0.53	40.75
平武县	28.89	8.36	32.28	0.78	17.81
江油市	290.24	156.98	42.24	**8.17**	35.71

注：表中加粗的为排在前两位的指标数据。

3）农业和工业产值空间差异

对 2013 年各县、市、区的产业产值分析显示，北川县和平武县在三大产业中的产值贡献小。第一产业方面，三台县（最大）、盐亭县、安县和梓潼县的产值占全区域的 59.37%，游仙区和江油市的贡献也比较大。第二产业方面，涪城区、游仙区和江油市的产值达到 75% 以上，三台县和安县次之。第三产业，涪城区、江油市和三台县的产值达到 73.41%，其次是游仙区。

从六大县产值来看，第一产业均排在首位；第二产业产值排在首位的是涪城区和江油市；游仙区的第一、二产业的产值比重差别不大。总之，第二、三产业主要集中在以涪城区为主体的区域，由于在工业布局上的差异，江油市对区域第二产业产值的贡献也不小。农业主要是以三台县为主导的传统的农业发展区。

基于以上区域空间发展现状的认识，综合考虑了人居环境建设的适宜自然资源条件（地形地貌、降雨量、地质条件、土壤条件）、人口迁移趋势、工业基础和交通设施等因子，以及相邻行政单元相对完整的原则将绵阳市域划分成西北部山区、中心城区、中部平原丘陵区和东南部丘陵区共四大区域来进行区域差异分析。特别说明的是中部平原丘陵区的安县和江油市，一方面考虑到两者既有农业基础又有工业基础，另外又与主城区相邻（涪城区和游仙区），便于经济上联动、接收主城区的辐射，以及未来区域建成空间的拓展。东南部丘陵区为传统的农业区。四大地区三大产业产值占区域总产值的比重如表 5.5 所示，可进一步支撑本区域划分的可靠性。

表 5.5　四大地区三大产业产值占区域总产值的比重　　　　　　（单位：%）

区　域		第一产业产值比重	第二产业比重	工业产值占的比重	第三产业比重	城市化率
西北部山区	北川县+平武县	1.09	2.14	1.31	1.29	30.21
中心城区	涪城区+游仙区	3.01	**29.38**	**26.62**	**15.69**	**53.59**
中部平原丘陵区	安县+江油市	4.25	12.61	11.01	8.06	30.13
东南部丘陵区	三台县+盐亭县+梓潼县	**8.08**	7.17	4.78	7.23	22.61

注：表中加粗的数据为该项指标中的最大值。

5.3.2　区域能值数据计算

为了分析各区域的能值流空间分布状况，本章以 2013 年为例，依照前述章节确定的生态经济系统能值流各类指标项目进行逐一的统计汇总，原始数据及计算说明同章节 3.3。首先计算出各县、市、区的能值输入输出表（表 5.6），然后按照区域划分，将能值流进行加总而成。

表 5.6　绵阳市生态经济系统各区域能值流汇总表(2013 年)　　(单位：sej/a)

资源类别及项目		西北部山区	中心城区	中部平原丘陵区	东南部丘陵区
1. 可更新资源能值(R)	太阳光能	3.80×10^{19}	7.00×10^{18}	1.65×10^{19}	2.41×10^{19}
	雨水化学能	9.51×10^{20}	1.12×10^{20}	4.21×10^{20}	4.51×10^{20}
	地球旋转能	2.63×10^{14}	4.57×10^{13}	1.14×10^{14}	1.67×10^{14}
	雨水势能	2.54×10^{22}	8.98×10^{20}	2.81×10^{21}	2.78×10^{21}
	小结(R)	2.54×10^{22}	8.98×10^{20}	2.81×10^{21}	2.78×10^{21}
2. 不可更新资源消耗能值(N)	电力	3.44×10^{20}	2.72×10^{21}	1.48×10^{21}	7.14×10^{20}
	化肥	7.20×10^{16}	2.09×10^{17}	2.23×10^{17}	5.31×10^{17}
	小结(N)	3.44×10^{20}	2.72×10^{21}	1.48×10^{21}	7.15×10^{20}
3. 反馈输入能值(EmI)	原煤	1.88×10^{20}	2.10×10^{20}	2.99×10^{21}	1.54×10^{20}
	天然气	2.31×10^{18}	3.89×10^{20}	3.30×10^{20}	3.00×10^{19}
	外汇旅游输入	0	1.29×10^{19}	0	0
	外商投资	7.74×10^{19}	5.82×10^{20}	2.32×10^{20}	8.55×10^{19}
	进口货物	0	4.06×10^{21}	1.52×10^{19}	4.90×10^{18}
	小结(EmI)	2.68×10^{20}	5.25×10^{21}	3.57×10^{21}	2.74×10^{20}
4. 建筑材料能值投入(M)	钢材	1.99×10^{19}	1.50×10^{21}	2.78×10^{20}	5.55×10^{20}
	水泥	1.28×10^{21}	9.64×10^{22}	1.79×10^{22}	3.57×10^{22}
	木材	1.05×10^{18}	7.93×10^{19}	1.47×10^{19}	2.93×10^{19}
	砂石	4.43×10^{15}	3.33×10^{17}	6.17×10^{16}	1.23×10^{17}
	小结(M)	1.30×10^{21}	9.80×10^{22}	1.82×10^{22}	3.63×10^{22}
输入总能值(I)	I=EmI+M	1.57×10^{21}	1.03×10^{23}	2.18×10^{22}	3.66×10^{22}
6. 能值利用总量(U)	U=R+N+I	2.73×10^{22}	1.07×10^{23}	2.60×10^{22}	4.01×10^{22}
7. 输出能值(O)	商品和服务	1.59×10^{21}	1.13×10^{22}	5.56×10^{21}	8.89×10^{21}
	劳务	3.07×10^{20}	6.57×10^{21}	1.85×10^{21}	1.26×10^{21}
	小结(O)	1.90×10^{21}	1.79×10^{22}	7.41×10^{21}	1.02×10^{22}
8. 废弃物能值(W)	固体废弃物	2.87×10^{19}	4.27×10^{20}	1.79×10^{20}	9.71×10^{19}
	建筑废弃物	9.78×10^{18}	7.36×10^{20}	1.36×10^{20}	2.72×10^{20}
	液体废弃物	6.08×10^{19}	4.17×10^{20}	2.04×10^{20}	2.17×10^{20}
	废气	4.38×10^{19}	8.41×10^{19}	3.78×10^{20}	6.94×10^{19}
	小结(W)	1.43×10^{20}	1.66×10^{21}	8.97×10^{20}	6.56×10^{20}

注：区域的能值由其组成的各行政区的能值流数据相加得到。

　　最后，按照前面章节介绍的计算方法，计算出反映社会-经济-自然生态系统特征的能值指标(表 5.7)。

表 5.7 绵阳市生态经济系统各区域能值指标表(2013 年)

	能值指标	西北部山区	中心城区	中部平原丘陵区	东南部丘陵区
社会亚系统	1 能值自给率(ESR)/%	94.3	3.381	16.5	8.757
	2 人均能值量/($\times10^{15}$sej/人)	64.235	85.6	19.549	16.22
	3 能值密度/($\times10^{12}$sej/m²)	3.023	68.153	6.667	6.951
	4 人均燃料能值/($\times10^{14}$sej/人)	4.471	4.792	24.962	0.748
	5 人均电力能值/($\times10^{14}$sej/人)	8.094	21.76	11.128	2.902
	人口承载量/万人	41.986	121.376	125.89	242.177
经济亚系统	6 能值/货币比率/($\times10^{12}$sej/$)	26	9.64	4.514	7.673
	7 能值交换率(EER)	0.831	5.754	2.942	4.106
	8 能值投资率	0.061	28.469	5.082	10.446
	9 电力能值比/%	1.26	2.542	5.692	1.789
自然亚系统	10 环境负载率(ELR)	0.075	117.728	8.285	13.386
	11 可更新能值比/%	93.04	0.839	10.808	6.967
	12 废弃物与可更新资源能值	0.006	1.849	0.319	0.236
	13 人口承受力/万人	39.542	1.049	14.374	17.14
可持续发展指标	14 能值产出率(EYR)	1.204	0.174	0.34	0.244
	15 能值可持续指标(ESI)	15.975	0.001	0.041	0.018
	16 能值可持续发展指标(EISD)	13.271	0.008	0.121	0.075

注：表中各项能值指标的计算公式同表 3.3。人口承载量=(可更新资源能值+输入能值)/人均能值量,代表目前环境水准下可容纳的人口数。

5.3.3 能值指标区域差异机制

5.3.3.1 社会经济发展的空间差异

对表 5.6 进行梳理,得到了系统的资源能值结构表(表 5.8),该结构将决定各地区系统的发展方向和水平。系统的总的应用能值具体由可更新资源能值、不可更新资源能值(以电力为主)以及购买的燃料、进口货物商品、外商投资和建筑材料等构成。从表 5.8 中显示的数据来看,区域之间的发展差距、等级较为明显,现就其中较为突出的系统能值利用总量、建筑材料、燃料及不可更新资源消耗 4 个指标与对应区域进行分析。

表 5.8 四大地区系统能值结构表(2013 年)

资源类别及项目	西北部山区	中心城区	中部平原丘陵区	东南部丘陵区
能值利用总量/sej	2.73×10^{22}	**1.07×10^{23}**	2.60×10^{22}	4.01×10^{22}
可更新资源能值/sej	**2.54×10^{22}**	8.98×10^{20}	2.81×10^{21}	2.78×10^{21}

资源类别及项目	西北部山区	中心城区	中部平原丘陵区	东南部丘陵区
电力消耗能值/sej	$3.44×10^{20}$	$\mathbf{2.72×10^{21}}$	$1.48×10^{21}$	$7.15×10^{20}$
输入燃料能值/sej	$1.90×10^{20}$	$5.99×10^{20}$	$\mathbf{3.32×10^{21}}$	$1.84×10^{20}$
进口货物能值/sej	—	$\mathbf{4.06×10^{21}}$	$1.52×10^{19}$	$4.90×10^{18}$
外商投资/sej	$7.74×10^{19}$	$\mathbf{5.82×10^{20}}$	$2.32×10^{20}$	$8.55×10^{19}$
建筑材料能值/sej	$1.30×10^{21}$	$\mathbf{9.80×10^{22}}$	$1.82×10^{22}$	$3.63×10^{22}$
输入总能值/sej	$1.57×10^{21}$	$\mathbf{1.03×10^{23}}$	$2.18×10^{22}$	$3.66×10^{22}$
可更新能值/系统总能值/%	$\mathbf{12.67}$	0.45	1.40	1.39
电力消耗能值/系统总能值/%	0.17	$\mathbf{1.36}$	0.74	0.36
输入燃料能值/总输入能值/%	0.12	0.37	$\mathbf{2.04}$	0.11
进口货物能值/总输入能值/%	—	$\mathbf{2.49}$	0.01	—
外商投资能值/总输入能值/%	0.05	$\mathbf{0.36}$	0.14	0.05
建筑材料/总输入能值/%	0.80	$\mathbf{60.13}$	11.17	22.27
系统总输入能值/系统总能值/%	0.78	$\mathbf{51.40}$	10.88	18.26

注：表中加粗的数据为该项指标中的最大值。

1）系统能值利用总量

经济领域通常以国民生产总值作为衡量经济能力和生产力水平的标准，然而货币并不能衡量自然界的贡献，而且由于通货膨胀而使货币逐渐贬值，故货币体现的国民生产总值并非衡量经济的唯一客观标准。可以更好地衡量经济的是能值，即用于创造财富的太阳能值[176]。由于在人工干预程度上的不同，各个系统在能值来源上有所差别。从表5.7可以看出，西北部山区的环境自给率达到90%以上，因此能值利用总量主要源于自然环境系统的资源能值，为封闭的系统；而中心城区为3.38%，中部平原丘陵区为16.5%，东南部丘陵区为8.76%，因此后三者表现为对外部购买能值的强度依赖，这主要源于社会经济系统的资源能值，为开放系统。对2005~2013年各个地区的社会指标增速来看(表5.9)，中心城区的能值利用总量、人均能值量和能值密度的增速最快，发展较快；其次是中部平原丘陵区；东南部丘陵区发展较慢，而西北部山区发展最为缓慢。

表5.9　绵阳市历年能值经济指标增速变化表(2005~2013年)

地区	能值利用总量增速/%	人均能值量增速/%	能值密度增速/%
西北部山区	2.97	0.39	2.70
中心城区	17.52	16.31	17.52
中部平原丘陵区	11.87	12.52	12.77
东南部丘陵区	8.95	8.84	8.97

事实上，表5.9中的能值利用总量、人均能值量和能值密度三个指标涉及各个地区的能值财富总量、生活水平和土地利用的问题，这些问题与我们国家迅速发展的城镇化水平密不可分，如果忽略了它在其中所起的作用，就可能会影响到

研究的科学性。已有的人类聚落发展史已表明："人口向城市集聚是劳动分工逐渐完善和生产力不断发展的必然结果和必要前提，城市化过程是和工业社会的发展相伴随的一个客观存在的历史过程"[177]。城市化必然带来人口汇聚，从经济角度来看，人口城市化是空间体系下的经济转换过程，从中实现了人口依附空间的转换（乡村空间到城镇空间），实现生产方式的转换（从低附加值的农业经济空间到高附加值的第二、三产业经济空间）。在这样的过程中，必然会带来人口空间迁移、土地空间格局的转换和功能空间重组。因此，把城市化、经济社会发展和土地开发利用放在一个系统来研究是符合人类社会发展定律的。第 3 章的研究表明，区域子系统的能量等级呈现"自然环境子系统<农业子系统<工业子系统<社会生活子系统"的格局，同时，这四者在空间上又对应了土地的使用功能（农业、工业、居住等）和土地集聚的能值财富，因此，可以初步得到以下的结论：

(1) 西北部山区（以自然环境系统能量等级为主），地域广阔，在区域中的生态环境价值最高，但社会经济不发达。

(2) 其他三个地区以农业、工业和社会生活为子系统的复合区域，接受人工干预，为绵阳市市域人类聚居的主体区域，在发展上有所侧重：①中心城区（以工业子系统、社会生活子系统的能量等级为主）的能量等级高，经济开发程度高，能值等级最高，是城镇化和工业化水平基础较好的区域；②中部平原丘陵区（未来以工业、社会生活子系统的能量等级为主，兼有现代农业）的能量等级次之，经济开发程度较高，发展等级较高，是城镇化和工业化水平有潜力提升的区域；③东南部丘陵区（以农业为主，兼有工业和社会生活系统的能量能级）的能量等级、社会经济发展程度和城镇化与工业化水平都不太高，是农业发展潜质较高的区域。

以上的结论在建筑材料、燃料和不可更新资源（以电力为主）的能值贡献上可以进一步得到印证。

2) 建筑材料消耗与经济增长

从经济总量的组成部分来看，能值利用总量中建筑材料能值占了极大的比重；建筑材料又是社会固定资产投资必备的生产要素，同时用于城市基本建设、更新改造和房地产开发等固定资产投资，是影响国内生产总值最直接、最具决定性的因素。研究材料流要从分析城市化、经济增长和房地产开发的作用机制谈起。2013 年各县、市、区建筑材料消耗能值与国内生产总值表现出一致的三级等级结构："中心城区（9.80×10^{22}sej/a）—中部平原丘陵区（1.82×10^{22}sej/a）+东南部丘陵区（3.62×10^{22}sej/a）—西北部山区（1.31×10^{21}sej/a）"。根据资料显示[178]，2009～2013 年绵阳市全社会固定资产投资相当于国内生产总值比例为 68.8%～97.8%；2011～2013 年绵阳市房地产开发投资占国内生产总值的 11% 左右，其中涪城区的房地产开发投资占国内生产总值的 19% 左右，远远高于梓潼县和北川县。随着中国住房分配改革之后，房地产业已成为各个地区国民经济新的增长点，尤其是2008 年世界经济危机爆发后，房地产投资对国家经济的拉动作用有目共睹，持续推动着中国经济的高速增长[179]。

房地产投资和经济增长到底是什么关系呢？根据宏观经济学的国民经济核算原理，房地产投资对于国民经济的增长具有乘数效应，同时具有乘数-加速数效应[180]。房地产相关的产业部门有 50 多个，基本上为劳动密集型。据估计，房地产业产值每增加 1%，会使相关产业产值增加 1.5%～2%。国内外学者对于房地产投资与经济增长的关系展开了研究，普遍认为房地产投资能有效地推动经济增长[181, 182]，两者存在着双向因果关系[183, 184]。陈湘州等[185]选取 1999～2011 年全国31 省（自治区、直辖市）的相关数据展开研究，发现房地产投资与经济增长之间存在着长期的均衡关系，并且房地产投资对经济增长起着正向的促进作用；陆菊春等[186]利用动态经济计量模型，分析全国及东部、中部和西部地区房地产投资与经济增长之间的协整关系、Granger 因果关系，研究发现我国房地产投资与经济增长之间具有同向的相关关系，同时文献[185]和文献[186]都表明经济增长和房地产投资之间的关系因区域不同而有差异。

对房地产投资和经济增长两者之间的关系再加入城市化因素，更能加强对问题的认识，徐丽杰等[187]对城市化、房地产投资与经济增长的关系进行了研究，并梳理出三者的相互作用机制（图 5.10）。现从两方面做一个阐释：

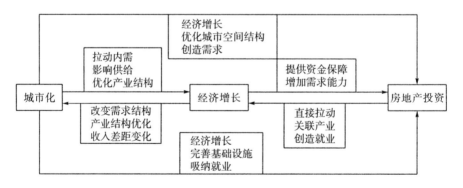

图 5.10　城市化、房地产投资与经济增长的相互作用机制[188]

一是城市化与经济增长，城市化使得农村大量人口涌向城市，扩大了消费市场，增加了道路、桥梁、住房等基础设施及生活需求的增长，促使产业向能带来更高经济产出的第二、三产业转化，优化了产业结构。因此，城市化促使经济增长，使国内生产总值增加。经济增长反过来提升了城市化水平，城市有经济基础去供给优质的教育、医疗、文化体育等公共产品，这必然推动农村人口向城市流动，且第二、三产业更倾向于在城市空间集聚，也会导致农村人口向城市流动[188]。

二是城市化与房地产投资，城市化拉动了房地产的开发。首先，城市化使人口、生产、消费和土地等要素在有限的城市空间集聚，发挥其规模效益，提高了劳动生产效益；其次，城市化进程伴随着城市地域空间的拓展和空间功能结构的变化，将集体用地变为建设用地，为产业、居住、商业等储备了土地，改变了城市功能空间和房地产开发格局。城市化扩大了人口规模，使得住房产品需要增加，从而拉动了房地产投资。

房地产投资推进了城市化进程。首先，房地产投资驱动城市在道路交通、给排水、电力电信等基础设施和教育、医疗、科学研究等公共服务设施方面的大力投入，为城市承载人口、发展经济提供了必备的物质保障。其次，房地产吸纳农村剩余劳动能力强，房地产每开工 $10000m^2$，就能给 120 个农民工创造就业机会[189]，从而推动城市化步伐。

要说明的是，徐丽杰等以河南省为例进行了研究，结果表明："城市化、房地产投资与经济增长之间存在比较稳定的长期经济关系，但这些变量的因果关系都是单向的。具体地说，就是城市化对经济增长有明显的促进作用，反过来，经济的快速增长并不意味着城市化进程随之而加快；经济增长能够激励投资者加大房地产投资；房地产投资对经济增长的促进作用并不明显；城市化能够促进房地产业的发展，反之并不成立[187]"，因此，要变要素驱动、投资驱动转为创新驱动。

3）燃料与电力

经济发展主要依赖石化燃料能源，包括煤炭、石油和天然气。石化燃料和电力提供的能值高于需求量，社会经济就能蓬勃发展，人们的生活水平就会得到提高。历史上木材曾是主要燃料资源，然而当今世界能源的需求量远远大于木材所能提供的能量，如果石化燃料供应中断，将极大影响全球经济发展。尽管电能是一种比石化燃料能值转换率更高的能源，但其价格昂贵，绝大多数运输业、制造业和基础产业主要依靠石化燃料来维持和发展。然而，电能应用方便、灵活而无污染，在能量等级中处于较高地位，对城市经济发展和社会繁荣具有举足轻重的影响。

数据资料显示，绵阳市的电子信息、食品及生物医药、冶金机械、材料产业、化工产业、汽车及零部件等六大产业已经成为支撑全市经济发展的重要产业门类。产业分布来看，电子信息产业主要集中分布在中心城区，冶金机械产业主要分布在江油市，汽车及零配件产业主要分布在安县和城区，材料产业主要分布在江油市、安县、北川县，化工业主要分布在安县、绵阳城区及近郊、江油市、三台县，食品在各区、县均有分布。全市 13 个工业发展区中有 6 个集中在中心城区，有 9 个集中在绵江(油)安(县)北(川)地区。

正是因为这样的产业空间分布，可以看到中部平原丘陵区的能源的燃料输入能值占全区域输入能值的 2.04%，远高于其他区域。其中原煤是江油市和安县的主要能源，这与其产业性质有关。同时，2013 年的数据也显示，原煤使用能值与天然气使用能值的比值仅有涪城区在 0.44，其他各县、市、区的原煤使用能值与天然气使用能值的比值的最小值均超过 1.2(平武县)，其次是游仙区(2.29)、梓潼县(4.38)、三台县(4.66)、安县(5.53)、江油市(10.0)，北川县最大(416.11)。总体来看，各个地区的天然气消费能值增长较慢，总体水平低于原煤消费，而天然气是密集程度最高的天然能源，其燃烧温度比一般燃料都高，用管道运输成本低，且对环境造成的污染轻，无论从经济效益还是生态效益考虑，各个县、市、区(主要是城镇集中区)都应大力发展天然气，减少原煤的直接使用量。

现代社会中，电能是维持经济发展的主要能源，尤其对工业和信息产业。如果在总能值应用中电能所占比例大，则该城市或地区的工业化程度和信息化水平高。电力能值在电力应用方面，绵阳市与世界发达国家和国内的城市的差距还较大，美国 1990 年的电力应用占总能值的 20%，广州 1995 年的电力只占总能值的 10%，而四大地区的电力能值在其系统能值总量的比例较低，西北部山区为 0.17%，中心城区为 1.36%，中部平原丘陵区为 0.74%，东南部丘陵区为 0.36%。这说明绵阳市的工业化和信息化程度尚属落后。绵阳市的电能由火力发电和水力发电组成，且从 2005 年至今，水力发电的能值正快速增长，将与火力发电能值持平。从宏观生态经济学和区域环境保护方面来讲是很不错的。电能是将基础资源转化为科技和信息的主要途径之一，从长远考虑，绵阳市应充分利用本地丰沛的水资源，大力发展电力，尤其是水电，提高电能的经济效率和市场竞争性。

5.3.3.2 自然承载力能值空间差异

从表 5.6 可以看出，西北部山区、中心城区、中部平原丘陵区和东南部丘陵区四个区域生态经济系统的能值利用总量分别为 2.73×10^{22}sej/a、1.07×10^{23}sej/a、2.60×10^{22}sej/a 和 4.01×10^{22}sej/a。其中，可更新环境资源总量和比重最大的是西北部山区，其可更新环境资源能值总量是中心城区的 28.29 倍，是中部平原丘陵的 9.04 倍，是东南部丘陵区的 9.14 倍，占其能值利用总量的 93%。

西北部区域的可更新资源能值与其丰厚的自然资源条件高度吻合。地理位置位于绵阳市西北部，地势西北高、东南低。北川县西属岷山山脉，东属龙门山脉，地势由西北向东南平均每公里海拔递降 46m。密布的溪流分别汇集于湔江、苏保河、平通河、安昌河，顺山势自西北向东南奔流出境。平武县为青藏高原向四川盆地过渡的东缘地带，长江的二级支流——涪江的上游地区。境内山地主要由近南北走向的岷山山脉、近东西走向的摩天岭山脉和近北东至南西走向的龙门山脉组成，海拔 1000m 以上的山地占总面积的 94.33%。西北部为极高山、高山，向东南渐次过渡为中山、低中山和低山。该区域潜在的水能资源丰富。水力发电量从 2005 年的年发电量 21.99 亿千瓦时增长到 2013 年的 48.7 亿千瓦时，年平均增速达 10.45%；相应地，火力发电量占总发电量的比重已经从 2005 年的

70%下降到 2005 年的 50%，且其发电增速在 9 年间略有下滑趋势，可见绵阳在能源开发策略上的变化。据资料显示，绵阳市 2010～2013 年共修建 13 项水力发电重大工程，其中有 10 项在北川县和平武县。在发挥该地域资源优势方式、给整个社会带来了巨大经济利益和社会效益的同时，这些水利工程也在一定程度上破坏了人类赖以生存的自然环境与生态环境，有的甚至是持续而深远的影响，如改变库区的气温、风速、湿度、降水等微气候环境条件，改变生物多样性，造成物种数量的减少和某些物种的消亡，同时带来了人口迁移和土地利用的问题[190]。水利工程建设会打破移民原有的生产体系、生活方式，以及地缘、血缘和亲属网络关系，使其长期稳固的政治、经济、文化体系脉络解体；与此同时，移民安置还将造成安置地人口、资源、基础设施承载力增加等一系列社会问题。北川县和平武县本身林业发达，但是耕地较少，适宜人居生存的空间有限，水电开发会加剧人地矛盾。因此对于西北部山区的开发得从生态环境保护和社会效益方面找到一个平衡点。

反映区域自然资源禀赋特性的能值指标主要有 2 个：

1) 可更新能值比

可更新能值比是判断自然环境利用潜力的指标。一个国家或地区的自然环境由各种资源构成，包括接收的阳光、风、雨水、潮水、迁移的动物等，以及拥有的储藏资源，如矿藏、森林、渔业资源、土地等，这些是组成一个国家或地区经济的环境基础，是自然环境生产的真正财富。人类离不开自然资源，没有自然资源就没有人类社会经济的发展。虽然自然资源不是社会性质和变革的决定力量，但却对社会生产的发展起着重要的基础性决定作用。从 20 世纪 60 年代起，因无视自然资源价值而带来全球生态环境资源危机日趋尖锐化，人们逐渐认识到，自然资源也是使用价值与价值的统一体，不是因为稀缺性使得自然资源具有价值，而是在稀缺性的背景下，人类才开始关注其价值。

共享性是自然生态系统服务的一大特点，即生态系统的生产者与非生产者、所有者与非所有者都在很大程度上可以共享其有用性而非通过市场[61]，如北川县、平武县生态系统的部分价值转换成商品体现于市场中(水力发电、旅游、矿产资源)，而其景观价值、环境价值却是共享的(如涵养水源、生物多样性保护区)，无需通过市场便可提供生态服务。这种价值共享性使其相当一部分的价值不能体现在市场中。

表 5.7 中西北部山区的可更新能值比是 93.04，远远高出中心城区(0.839)、中部平原丘陵区(10.808)和东南部丘陵区(6.967)，反映出该区域的自然资源禀赋强。

2) 人口与容纳量

人口承受力指标，是反映自然环境承受力的指标，是按某一时期人们可以接受的生活标准，其自然资源和生态系统可以稳定供养的最大人口数量。衡量这种生活水准的一种尺度是人均能值应用量。以每人使用的资源量作为生活水准的衡量标准，比用个人收入做衡量标准更为客观[145]。因为人均资源应用量包括了那些直接取自环境的自然资源(鱼、空气、水、土地等)，以及与他人交换来的东西。不同国家或地区每年应用的能值总量不同，总人口不同，每人使用的能值量(生活水准的尺度)也不同。本书中西北部山区在各区域中具有丰富的自然资源，虽然能值应用总量不是最多(排第 3)，但是拥有最少的人口，便有较高的人均能值量(64.235×10^{15}sej/人)，其能值应用量仅次于中心城区(85.60×10^{15}sej/人)，是中部平原丘陵区(安县和江油)的 3.29 倍，约是东南部丘陵区的 4 倍。

容纳量指预测可供利用的资源能够维持多少人口，其值取决于当地自然资源的丰富度，以及外面购买或进口的能值量[145]，这就要求谨慎利用本地资源，用输出的商品和劳务换取的金钱来购入需要的燃料、商品等。因为地区的社会经济发展必然会带来人口增长，也要求投入更多的资源才能维持生态经济系统的运转，这就有了另一个表征社会经济能值投入之后系统可以承载的人口指标——人口承载量，代表目前环境水准下可容纳的人口数(表 5.10)。

表 5.10 人口容量对比

地区	人口承载量/万人	常住人口/万人	户籍人口/万人
西北部山区	41.986	37.4	42.5
中心城区	121.376	132.3	125.44
中部平原丘陵区	125.89	117.54	133.45
东南部丘陵区	242.177	178.6	245.99

注：人口承载量=(可更新资源能值+输入能值)/人均能值量；表中常住人口为 2013 年的数据。

可以发现，唯有中心城区的人口超出了承载量，其他区域均没有超出各自的人口承载量，特别是东南部丘陵区(三台县、盐亭县和梓潼县)由于劳动力输出过多(与户籍人口相比)，出现了常住人口萎缩的局面。这种人口的迁入迁出与地方的经济基础、产业结构有直接的联系。

因此，从人口容纳量来看，虽然西北部山区丰富的自然环境条件可承载的人口大大高于别的区域，但有两个劣势不容忽视，一是地形地貌的限制，导致适宜人居的建设拓展空间极其有限；二是该地域是一个自然灾害频发、易受到人为干预的脆弱的生态系统，这会极大地限制人类活动，在时空上反映出土地的产出效益低下，比如第一、第二、第三产业的国民生产总值在区域内是最低的，且土地利用程度低。这两个制约因子实际就是发展与保护两个方面的命题，发展必然带来人口的增加，但是又不能超过人口承载量的最大规模，否则会扰动其生态系统的稳定。

3)环境状态

在人类活动干预之下，各区域环境负荷能力呈现出显著的两级差异的两个地区就是西北部山区和中心城区，环境负载率(ELR)方面，前者是 0.075，后者是 117.728，按照负荷率值的划分(一般 ELR<3 时，系统表现为低负荷，3<ELR<10 时，系统表现为中度负荷，当 ELR>10 时，系统表现为高负荷)，西北部山区属于低负荷，涪城区属于高负荷状态，这两个状态并不存在孰优孰劣的问题，从生态学的角度来看，低负荷系统比高负荷系统有更好的人居环境；但是从经济学的角度来看，低负荷意味着发展不足，城镇化水平低，土地利用程度低，不利于生产要素的集合，更不利于规模经济的形成，但同时带来的环境负效应也是非常明显的，如废弃物与可更新能值比，西北部山区为 0.006，而空间较为集聚的中心城区的值为 1.849，这两个值与人类活动的干预程度在空间上是高度契合的。

5.3.3.3 人口承载量空间差异

随着绵阳市经济增长、技术进步，绵阳市的人口迁移活动趋于活跃。一般而言，经济发展水平高的地区往往是人口迁入区，而经济发展水平落后的地区则是人口迁出区。人口迁移量的大小，反映了迁入区对劳动力的需求量和迁出区相对多余的人口量，以及两个地区之间收入水平与生活水平差距的大小。表 5.3 中显示，2013 年绵阳市流入人口最多的为涪城区，为 12.92 万人；其他的各县、市、区均为人口输出，其中三台县输出最多，占总的输出人口的 45.50%，其次是盐亭县，占17.83%，江油市占10.50%，梓潼县占8.01%，平武县最小，占1.28%。比较而言，涪城区的经济发展水平高，流入人口更多；其他的各县、市、区经济发展水平差一些，为劳动力输出区域，其中三台县历年的人口输出最多。这和全国性的人口流动趋势是一致的，更偏向于经济发展水平高的地区。

从另一个能值指标——人口承载量也能看出，各县、市的区域吸引力和辐射力不足。一般而言，各县、市、区的中心是其"区域发展的经济、政治、文化和基础设施建设的中心，也就是经济、社会和物质三位一体的有机实体"[191]。但从表 5.11 可以看出，仅有涪城区人口出现了盈余，超出了人口承载量。人口承载量等于可更新资源能值与输入能值之和再除以人均能值量，是考虑到各县、市、区投入了社会、经济、自然等生活、生产要素后系统能够承载的最大人口数。尽管系统储备了足够的能值财富，但是除涪城区以外的县、市、区仍然出现了人口外迁的现象。

表 5.11　绵阳市 2005～2013 年各县、市、区人口饱和量一览表　　　(单位：万人)

地区	2005	2006	2007	2008	2009	2010	2011	2012	2013
涪城区	14.56	6.82	7.35	7.91	8.57	14.21	19.11	16.32	15.45
游仙区	-3.93	-3.21	-3.86	-3.99	-5.4	-4.89	-4.92	-5.27	-5.53

地区	2005	2006	2007	2008	2009	2010	2011	2012	2013
三台县	-23.38	-19.33	-24.61	-30.61	-31.71	-35.72	-40.77	-41.16	-41.14
盐亭县	-5.31	-10.37	-5.71	-5.59	-5.48	-10.99	-17.36	-16.95	-16.83
安　县	5.33	6.36	4.52	4.01	2.09	0.79	-0.93	-0.31	-1.75
梓潼县	-1.34	-0.71	-1.5	-0.96	-1.31	-2.97	-4.67	-4.57	-5.25
北川县	-0.6	-0.22	-0.29	-0.05	-1.73	-2.79	-3.48	-3.05	-3.21
平武县	-1.15	-1.09	-1.12	-1.5	-2.07	-1.48	-1.19	-1.12	-1.09
江油市	9.94	1.88	1.79	1.4	1.02	-2.73	-5.37	-5.13	-5.72

注: 上表中人口饱和量=常住人口-人口承载量。其中,常住人口=国内生产总值/人均国民生产总值;人口承载量=(可更新资源能值+输入能值)/人均能值量,是考虑了各县、市、区投入了社会经济自然等生活、生产要素后系统能够承载的最大人口数。表中"-"号表示达到饱和状态需要增加的人口数。

　　总之,绵阳市目前人口流向两极分化严重,各县、市、区中心承接城镇化人口的能力有限。在当前"推进农业转移人口市民化,逐步把符合条件的农业转移人口转为城镇居民"的国家新型城镇化的大背景下,涪城区作为地区性的中心城区,今后还会承接更多的人口,各级县城市正是所属区域汇聚人口的中心。党的十八大要求"未来的城镇化必须改变过去过度依赖劳动力、土地等'要素驱动'和大量投资形成的'投资驱动'发展阶段,转向'创新驱动'发展阶段"。这就需要加快发展第二、三产业,以产业集聚创造的就业岗位来推进人口集聚。绵阳市经济社会发展的一大瓶颈就是县域经济发展滞后[192],对人口的吸引力不足,而今后农村人口市民化的引导方向就是促进人口向县市级城市集中[193],这对绵阳市的整体发展是一个极大的挑战。

　　尽管绵阳市的总体规划经历了几轮修改,但是涪城区作为传统的城镇化较高的核心区域,对人口的集聚作用方面一直领先于周边县、市、区,向前莹基于绵阳市第六次全国人口普查数据以及 2012 年绵阳市流动人口抽样调查数据的分析结果也印证了这一点,涪城区流入人口占绵阳市总流入人口的比重高达 47.53%[194]。区域城镇化发展过度依赖涪城区和游仙区(表 5.4),而其他县、市对人口的集聚作用不大,不仅难以发挥对整个区域城镇化的带动作用,也导致市域各县、市、区城镇化发展水平的不平衡。

5.4　本 章 小 结

5.4.1　各县市区能值流空间分布研究

　　搜集 2013 年的数据,以各县、市、区的生态经济系统为研究对象,计算出反映区域内不同地区能值结构的统计表，并分别就可更新资源能值输入、不可更新资源能值输入、外界能值输入以及能值输出的空间分布及其内因进行研究。

1) 生态环境资源基础

可更新资源表明，北川县和平武县在可更新资源能值方面不仅在区域系统可更新能值占优势（北川20.96%，平武58.68%），而且在其自身系统中可更新资源能值占绝对主导地位（北川92.39%，平武县为94.10%）；涪城区的可更新资源能值最低（无论是在区域系统还是自身系统）。

2) 能源使用

以原煤使用为主，代表了工业生产的能源结构，江油市占区域原煤总消耗的73.72%，其次是安县（10.70%），北川县（5.25%），涪城区（4.52%）。电力使用方面，涪城区占区域总消耗的 43.87%，其次是江油市（18.57%），安县（9.59%），游仙区（7.86%）。原煤和电力的空间分布与对应地区在区域发展中产业分布、经济结构紧紧地联系在一起。

3) 输入要素，投资及进口能值

涪城区占区域该项目总能值的 88.79%，其次是江油市（3.90%），游仙区（3.0%），表明涪城区为了维持系统的社会经济的可持续发展，必须大量购进资源能值，对外开放度及吸引外资的能力比其他地区强。

建筑材料流输入方面，涪城区输入材料流占区域总输入的 36.56%，其次是游仙区（25.85%），三台县（17.79%），江油市（9.79%）。另外，从系统自身来看，建筑材料流各自占其能值总量的比重由高到低为：游仙区（97.33%）、三台县（94.63%）、盐亭县（89.59%）、涪城区（88.01%）、江油市（72.64%）、梓潼县（67.62%）、安县（64.13%）、平武县（5.17%）和北川县（3.81%）。本书中建筑材料消耗与人居环境建设联系在一起，体现在城镇化驱动下各个地区的建设开发力度和空间拓展差异。从区域层面来看，涪城区和游仙区是城镇化的核心区域，输入的能值较多，土地空间的拓展较大；其次是具有较大区位和交通条件优势的三台县和江油市。对个体系统而言，一方面反映房地产开发带动下一些地区建筑材料消耗的巨量增加，从而带动人口的转移，另外一方面，反映了平武县和北川县受制于自然条件限制，无法吸引劳动力转移的困境。

4) 输出

从总输出方面来看，涪城区与游仙区占总输出的 47.82%（其中涪城区31.30%），其中涪城区和游仙区的劳务占总劳务能值的 65%以上（其中涪城区占39.86%，游仙区占25.94），反映出该地区具有科学技术水平高的优势。

5) 废弃物输出

与地区高能值投入对应的是，涪城区在固体废弃物、建筑废弃物和液体废弃物方面占总该项总排放能值的比重均超过 33%。废气排放方面，江油市达到

52.53%，安县为 13.15，涪城区为 11.65%，这与原煤的使用有直接的关系。

5.4.2　能值指标空间差异分析

　　结合以上区域及各县、市、区能值流结构分析，依照 Odum 等学者提供的数据处理方法，计算出一系列反映系统发展水平和特征，以及经济与环境的关系的能值指标。能值指标表明区域空间特征如下：

　　(1)平武县和北川县为典型的山地区域，其自然生态环境优质(可更新资源能值占主导)，但受到土地、交通等生产条件的限制，经济不发达，人居环境建设空间受限，但是自然资源开发的潜力巨大(如水力发电)。

　　(2)社会经济发展方面，一个可持续发展的系统必须不断接收能值输入，接收足够的反馈并有更大的能值产出，有合适的处理最终废物的能力。通过能值投资率、能值产出率、人均燃料和电力能值、人均能值和能值密度等指标，可以发现涪城区和游仙区为社会经济生态流最活跃的区域，为高能值等级区域，城镇化率高，系统内外交流频繁，但是目前涪城区和游仙区属于资源消耗型系统，能值产出率不高，系统运转效率低下。同时由于绵阳市正实施"绵(阳)江(油)安(县)北(川)"一体化战略，使得各自城镇集中区域的社会经济发展水平优于其他地域。其他地区经济基础薄弱、能值投入较低、经济活力差。同时，高能值区域又是环境压力最大的区域。

5.4.3　能值区域差异机制

　　区域划分时，综合考虑了自然资源条件、人口空间转移、农业和工业发展基础和社会经济空间集聚程度等因素，以及相邻行政单元相对完整的原则将绵阳市域划分成西北部山区、中心城区、中部平原丘陵区和东南部丘陵区共四大地区。其目的是为因地制宜制定不同的空间发展战略做准备。研究得到以下结论：

　　(1)从能量等级上来看：基于一般意义上的"自然环境子系统<农业子系统<工业子系统<社会生活子系统"的能量等级规律，西北部山区(以自然环境系统能量等级为主)在区域中的生态环境价值最高，但社会经济不发达，其他三个地区以农业、工业和社会生活为子系统的区域，接受人工干预，为人类聚居的主体区域，在发展上有所侧重：中心城区(以工业子系统、社会生活子系统的能量等级为主)的能量等级高，经济开发程度高，发展等级高，城镇化和工业化水平高的区域；中部平原丘陵区(未来以工业、社会生活子系统的能量等级为主，兼有现代农业)的能量等级次之，经济开发程度较高，发展等级较高，城镇化和工业化水平有潜力提升的区域；东南部丘陵区(以农业为主，兼有工业和社会生活系统的能量能级)的能量等级，社会经济发展程度不太高，城镇化和工业化水平不

高，农业发展潜质较高的区域。

(2) 西北部山区的地形高差大，其能值投资率最低，说明该地区具有更多未开发利用的资源，对环境资源的利用率不高，农业经济不发达，社会经济发展落后。但可更新资源能值优越于其他地区，可借此发挥其自然资源优势，为本地及区域服务。

(3) 中心城区、中部平原丘陵区和东南部丘陵区均为资源消耗系统，在人口、社会、经济、资源利用等方面存在差异。

中心城区的建筑材料流能值占整个区域的 60%以上，为市域城镇化和工业化的密集地带，电力能值比重大，为区域中高能值区域，社会经济发展较发达，但是与发达地区比较差距较大。同时，本地区能值投资率最大(28.47%)，环境负载率最高(117.73)，能值产出率最低(0.174)为系统可持续发展能力最弱的区域。但是本区域分布有众多科院所，可利用此科研资源来加大科技的能值投入，提高系统的运行效率。另外，废弃物与可更新资源能值的比例最大，要减缓对环境的压力，加强环境保护。

中部平原丘陵区是绵阳市实施"绵(阳)江(油)安(县)北(川)"一体化战略，为协调产业发展的区域，与中心城区相邻，正是如此，其系统电力输入能值比重(0.74%)和燃料输入能值比重(2.04%)均高于东南部丘陵区(0.36%，0.11%)，为未来区域社会经济发展承载的重要区域。同时，该区的工业产值是东南部丘陵区的 2 倍多，人均燃料能值最大，因此该区域一方面要与中心城区形成第二产业(工业为主)空间布局的主体；另一方面，其可更新资源能值占系统总能值的 1.40%，能值自给率和可更新能值比均比中心城区和东南部丘陵区大，因此要挖掘自然环境对其系统的支持力度，扩大对系统的能值贡献。总之，该区域是产业复合化程度最高的区域。

东南部丘陵区。该区域工业化水平低，对石化资源的依赖小(人均燃料值最小)，社会经济发展状态不够活跃(外商投资及进口货物远远低于中心城区和中部平原丘陵区)。但是该区域自身的可更新资源能值(2.78×10^{21}sej/a)略低于中部平原丘陵区(2.81×10^{21}sej/a)，同时，该地域的第一产业比重比中心城区和中部平原丘陵区总比值还高出约 1%，因此，东部平原丘陵区要着力发展第一产业，尤其是农业资源，提高农业生产效率。从建筑材料消耗的能值来看，2013 年该区域消耗的总能值为中部平原丘陵区的 2 倍，是中心城区的 1/3 以上。虽然建筑材料消耗的基数大，但是从 2005～2013 年的能值增长速度来看(9.59%)，远远低于中心城区(18.75%)和中部平原丘陵区(25.73%)，表明其城镇化率低，人居环境建设较落后。在四大地区中比较而言，该区现有的能值财富仅次于中心城区，其人口承载量高达 242 万人(区域中最大)，但是其人均能值量小(区域中最低)，社会经济发展水平低，导致其区域可持续发展能力不足。因此，该区域属于传统农业经济主导，科技投入不高，社会化程度不高的区域。

通过以上的分析发现，西北部山区和东南部丘陵区自然资源发达，但是社会经济发展水平不高；中心城区虽然社会经济发展水平高，环境压力大，但是与国内城市相比仍然落后；中部丘陵区为农业与工业、城镇化复合的区域，其发展潜力大，可与中心城区联动发展。从可持续指标来看，西北部山区为欠发达地区，另三个地区为资源消耗型系统，以人为输入能值财富为主，为富有发展潜力的地区。

6 区域系统可持续发展水平评价

能值理论产生于人类对可持续发展理论研究和实践中，它在对生态经济系统可持续发展水平的评价过程中综合考虑了自然环境对系统财富的贡献，具有客观、全面的特点。本章首先用能值理论定义的反映可持续发展水平的指标(能值负载率、能值产出率、能值可持续指标和能值可持续发展指标)展开两个层面的研究，一是从区域在时间纵轴(2005～2013 年)上的变化趋势；二是以 2013 年数据来分析可持续发展指标的空间差异。为了进一步探究资源、环境与经济发展的关系，进行了基于能值绿色 GDP 的可持续发展水平评价。希望通过以上的方式对区域可持续发展水平进行综合评价。

6.1 系统可持续发展能值指标

根据前面提供的能值交换率(EER)、环境负载率(ELR)和能值产出率(EYR)三个数据计算出能值可持续指标(ESI)和能值可持续发展指标(EISD)，见表 6.1。

表 6.1 能值可持续指标计算表(2005～2013 年)

	2005	2006	2007	2008	2009	2010	2011	2012	2013
能值交换率(EER)	2.331	2.757	2.791	4.451	4.198	4.943	4.535	4.339	4.031
环境负载率(ELR)	2.028	3.951	3.478	3.77	4.679	4.687	5.221	6.874	4.786
能值产出率(EYR)	0.429	0.363	0.358	0.225	0.238	0.202	0.22	0.23	0.248
能值可持续指标(ESI)	0.212	0.092	0.103	0.06	0.051	0.043	0.042	0.034	0.052
能值可持续发展指标(EISD)	0.493	0.253	0.288	0.265	0.214	0.213	0.192	0.145	0.209

1) 能值产出率(EYR)

2005～2007 年能值产出率下降，之后缓慢上升，其值在 0.25 左右。能值产出率指标是用来衡量系统运行效率的一个指标，该比值越大，系统在相同经济能值输入的情况下，系统的产出能值就越大，运行效率就越高，但从能值角度看对系统是不利的[162]，大多数地区的 EYR 相对较小，稳定在 1 左右。EYR 小于 1 则对系统的可持续发展有利。经济发达的国家都是出口能值小于进口能值[195,196]。因此，绵阳市总的发展态势是可持续的，但是也要进一步思考未来合理的发展路径。

2) 能值可持续指标(ESI)和能值可持续发展指标(EISD)

能值可持续指标是能值产出率(EYR)与环境负载率(ELR)之比，Odum 建立的主要能值分析指标中，能值产出率和环境负载率分别用于评价系统能值产出效率和系统受到的外部环境压力，这两个指标包含了系统可持续发展状态的两个不同的属性。如果一个国家或地区的生态经济系统能值产出率高而环境负载率相对较低，那该系统就是可持续的[61]。但并不是 ESI 指标值越高，系统的可持续性发展能力就越强。当 ESI 小于 1 时，表示生态经济系统是资源消耗型系统；当 ESI 在 1~10 时，表示系统富有活力、有发展潜力；当 ESI 大于 10 时则是经济不发达的标志[161,197]。2005~2013 年绵阳市的 ESI 均小于 1，说明系统属于资源消耗型。能值可持续发展指标(EISD)在 ESI 的基础上加入了能值交换率，这样更能反映系统社会经济效益的变化，EISD 越高，表明单位环境压力下的社会经济效益越高。比较而言，ESI 指标更适合评价自然生态系统，对于以消耗大量自然资源为特征，以复杂的信息、科学技术驱动的复合生态系统而言并不合适，因为评价的结果都是 ESI 较低，无法科学确定系统的可持续性水平[198]。用 ESI 来衡量系统的可持续性，诸多学者发表自己的观点，李金平等[162]认为，ELR 在不同的度量尺度下其值变化很大。在国家尺度，由于有大量可更新资源供其使用，ELR 通常较小。在城市尺度，资源缺乏，ELR 通常很大，这常导致 EYR 与 ELR 之商(ESI)很小。将不同尺度的 ESI 值进行比较有失妥当，事实也证明，以 ESI 或 EISD 来比较国家或城市间的可持续发展状态是不适合的，能值平衡才是衡量地区可持续发展至关重要的因素[199,200]。对此，本书认为，虽然 ESI 和 EISD 在评价系统可持续发展方面是一个富有争议的问题，但是从普遍的国家或地区的发展轨迹来看，它仍然有一定的参考价值，该指标从自然、社会、经济、生态环境等不同角度让人们来理清系统的结构、功能运行状况及存在的问题，为地方决策提供思路。

绵阳市 2005~2013 年 ESI 和 EISD 变化趋势基本相似(图 6.1)。EISD 的变化受能值产出率和环境负载率的影响呈现出波动性的变化(能值交换率呈直线上涨)(图 6.2)，具体表现：2005 年绵阳市环境负载率迅速上升，能值产出率迅速下降，因而 EISD 值在最高点(0.49)；2006~2007 年能值产出率和环境负荷率各自呈缓慢递减趋势，前者比后者下降幅度小一些，可以看出 EISD 趋势线条略微上扬；2008~2012 年，环境负载率增长速度明显高于能值产出率(2008~2012 年该值基本不变)，因此，在这个阶段 EISD 值一直下降，并在 2012 年达到了最小值0.15，直到 2013 年又略有上升。

图 6.1 ESI 和 EISD 变化趋势图

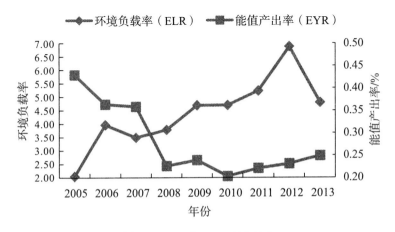

图 6.2 ELR 和 EYR 变化趋势

6.2 能值可持续性指标空间格局分析

格局分析是地理学与景观生态学研究的重要内容之一。格局影响过程,过程反衍机理,机理揭示规律。

6.1 小节从总体上分析绵阳市 2005～2013 年各个时间段的可持续发展水平,其 ESI 和 EISD 的变化趋势近似。为此,对指标空间的差异分析利用改进的能值可持续发展指标值(EISD)来进行评价。我们知道,能值可持续指标(ESI)值越低,系统的可持续性水平就越差。本节内容主要从绵阳市域空间上来分析各县、市、区的系统发展现状及内部空间差异情况,选取 2013 年各县、市、区的能值可持续指标数据进行解析(表 6.2)。

表 6.2　绵阳市各县市区能值可持续指标（2013 年）

	涪城区	游仙区	三台县	盐亭县	安县	梓潼县	北川县	平武县	江油市
能值投资率	23.309	42.202	18.461	7.42	2.135	2.169	0.076	0.055	6.97
能值产出率	0.1906	0.1467	0.2305	0.3342	0.5989	0.6616	0.3287	0.6748	0.2893
环境负载率	200.453	72.996	24.683	9	3.465	2.916	0.11	0.063	11.783
能值交换率	5.2471	6.8176	4.3376	2.9918	1.6697	1.5115	3.0425	1.4819	3.4562
能值可持续发展指标	0.005	0.0137	0.0405	0.1111	0.2886	0.3429	9.0671	15.8843	0.0849
能值可持续指标	0.001	0.002	0.0093	0.0371	0.1728	0.2269	2.9801	10.7191	0.0246

利用 ArcGis 的空间分析工具，分析绵阳市生态经济系统能值指标的空间格局特征与态势（图 6.3），利用自然断点法（natural break）对各能值指标进行分级。将能值可持续指标（ESI）分为 3 个等级：第 1 等级（2.9802～10.7191），第 2 等级（0.2271～2.9801），第 3 等级（0.0010～0.2269）。

图 6.3　能值可持续指标空间格局图（2013 年）

资料来源：2016 年 5 月四川省测绘地理信息局制，审图号：图川审（2016）018 号

在图 6.3 所示的 9 个县、市、区中，ESI 值大于 10 的是平武县(10.7191)，ESI 值为 1～10 的是北川县，ESI 值小于 1 的县、市、区有：梓潼县、安县、盐亭县、江油市、三台县、游仙区和涪城区(按照从大到小排列)。平武县 ESI 值最大的主要原因是其环境负载率最低(0.063)，不可更新资源和输入能值总量居于第 8 位，而可更新资源能值最大，能值投资率在各县、市、区中也处于最低水平，虽然能值产出率最大，但是 EYR/ELR 计算的结果仍然是最小的，这说明该县的资源开发利用程度低，经济能值投入水平低。从能值的角度来看，平武县属于可持续发展水平高，但经济却不发达的地区。

涪城区输入能值和不可更新资源能值量最大，而可更新资源能值最小，因此其环境负载率最高。另外，能值投资率较高，能值产出率最低，即"两高一低"，反映出该区域投入大，资源环境利用率高但效率不高的发展特点。究其原因，主要是该区是绵阳市域城市化和工业化较为发达的地区，也是环境资源和能源需求最大的区域；另外，与其他区域相比，涪城区的行政区面积和降雨量最小、地势较为平坦，因此，可更新资源能值并没有很大的优势。从能值的角度看，涪城区属于可持续发展水平低，但经济较为发达的地区。

无论是"可持续发展水平高，但经济不发达"还是"可持续水平低，但经济发达"，都不是系统发展应达到的目标，而应该追求高效率状态下的可持续发展。北川县抓住灾后重建的契机，能值投入较大，ESI 值说明其经济富有活力。ESI 值较低的其他区域如梓潼县、安县、盐亭县、江油市等最主要的原因来自能值投入较大，环境负载率高，经济能值产出率较低。因此，对绵阳市的生态经济系统而言，要有针对性地采取措施，提高产出效率，增加科技含量，减少环境压力，提高可持续发展水平。

6.3　基于能值绿色的可持续发展水平评价

6.3.1　绿色的提出

国内生产总值(GDP)是目前国民经济核算体系中最核心的指标，是衡量一个国家或地区经济发展水平最重要的指标，但是随着经济与社会的发展，传统的量化方式的局限性慢慢凸显出来。这种局限性突出表现为它仅仅反映了一个国家或地区经济增长的数量而非整体质量与效率，又未从根本上考虑到经济社会发展中环境成本和生态破坏的问题[201]。根据国际货币基金组织数据库统计显示，中国近年来快速的经济增长背后一部分是靠透支本国的生态环境资源为代价的，若将环境资源消耗考虑在内，中国的增长率要降低 2%～3%。所以纯粹的统计数据是根本无法评估一个经济体的安全、健康和可持续发展状态的。为了弥补传统的缺陷，真实地反映国家整体的发展水平，联合国和世界银行等组织提出了实施绿色的观点：(可持续收入)指一个国家或地区在考虑了自然资源(主要包括土地、森林、矿产、水和海洋)与环境因素(包括生态环境、自然环境、人文环境等)影响之后经济活动的最终成果，即将经济活动中所付出的资源耗减成本和环境降级成本从中予以扣除[202]。绿色有狭义和广义之分，狭义上是指扣除了环境破坏成本和资源耗费之后的国内生产总值，广义上还将社会不经济因素和社会经济因素纳入考虑范畴。考虑到原始数据的结构情况，本书将着眼于狭义的绿色的概念。

国际上还没有统一的绿色的核算方法[203]。目前，一些国家主要采用的绿色核算方法是由联合国提出的"综合环境与经济核算体系(system of integrated environmental and economic accounting，SEEA)"[204]。世界上很多国家结合本国的实际情况，在 SEEA 核算模式的基础上对绿色核算进行了积极探索和实践。国内研究始于 20 世纪 80 年代，2004 年和 2006 年先后完成的《中国资源环境经济核算体系框架》《基于环境的绿色国民经济核算体系框架》和《中国绿色国民经济核算研究报告》3 份报告体现了国家宏观层面对执行绿色核算体系的积极探索，而绿色核算的观念在微观层面的各级地方政府和企业公司并没有引起足够重视。此外，国内学者展开了一系列的研究[36, 205, 206]，但是在探索环境、资源和经济进行综合测算方面仍然存在争议[207]。众所周知，资源和环境成本的核算是绿色核算的关键，也是绿色核算的主要难点[208]。本书将以能值理论中的"太阳能值"为纽带，将系统内不同类型的物质和能量转换为统一的量纲，核算绵阳市 2005～2013 年市域的绿色 GDP，从中把握绵阳市社会经济系统的可持续发展状况，同时深入剖析各县、市、区的空间发展差异及其规律。

6.3.2　基于能值理论的绿色核算方法

1)核算理论方法

步骤 1：计算公式及数据来源

基于联合国提出的环境与经济核算体系(SEEA)，绿色值等于传统扣除经济活动中所付出的资源耗减成本和环境恶化成本之后得到的值。计算公式为[209]

$$绿色=传统-资源耗减成本-环境恶化成本 \tag{6.1}$$

其中，资源耗减成本(又称自然资源耗减成本)指在经济活动中自然资源被利用所消耗的价值；环境恶化成本(又称环境降级成本)指由于经济活动造成环境污染而使环境服务功能质量下降的代价。

对于公式(6.1)中涉及的资源耗减成本和环境恶化(或环境污染)成本，本书将对绵阳市生态经济系统能值输入输出的明细进行归类整理。

(1)传统：历年国内生产总值。

(2)资源耗减能值：主要从不可更新资源耗费方面入手，具体包括火力发电、表土流失、化肥、原煤、天然气、钢材和水泥等方面的能值。化肥过量利用会造成农业生产的土壤板结，使土壤中的矿物质、有机物、水分、微生物等遭到破坏或丧失，并且对生态环境也会造成污染。电力投入是因为火力发电需要消耗大量的煤炭等能源和矿物资源，这些资源均属于不可再生资源。

(3)环境污染能值：综合考虑了来自工业、生活和建筑业的废弃物，具体包括工业固体废弃物、工业危险废物、工业废水、废气(考虑到绵阳市的能源利用结构，废气来源于工业二氧化硫和烟尘排放量)；生活垃圾、生活污水和建筑业的建筑垃圾产生量。

步骤 2：能值-货币价值(endollar value，Em\$)和能值-货币比率(energy/dollar ratio)

公式(6.1)中传统的单位为"美元"，现在的主要目标是将"资源耗减成本"和"环境恶化成本"转化为国际统一的货币单位"美元"，这样才能在统一的量纲上进行加减。为此要提到两个概念：

(1)能值/货币比率。

能值/货币比率是单位货币(通常转换成美元)相当的能值量。绵阳市的能值/货币比率变化见图 6.4，可见 2005～2010 年该城市的能值/货币比率一直呈缓慢下降趋势，2010 到 2012 下降速度比之前稍微快一些，但是到 2013 年又稍有上升趋势，但总的来看，下降趋势较慢，表明在这 9 年间，经济水平在慢慢提高。

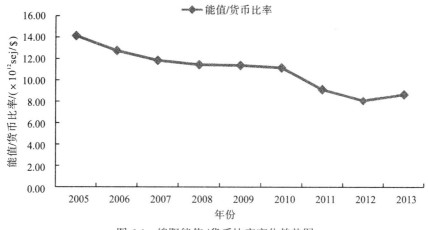

图 6.4 绵阳能值/货币比率变化趋势图

(2)能值-货币价值(endollar value，Em\$)。

能值-货币价值传统为整个国家生产的所有产品的总值，它包括通过国民家庭与政府经济部门流动的货币总量。用货币体现的国民生产总值并非衡量一国经济的最佳标准。因为货币并不能衡量自然界对人类经济的贡献，而且由于通货膨胀等使币值年年改变，故人造货币体现的不可能完全客观表明国家经济状况。可以更好衡量一国经济的标准是能值，即财富的能值量。

能值-货币价值是指能值相当的货币价值，也就是将能值折算成市场货币时，能值相当于多少货币。其折算方法是将输入经济系统或经济生产活动的某种能值除以能值/货币比率。所得的这种 Em$，并非市场流通的货币价值，只是表明该能值"相当于"多少币值。

综上可得公式(6.2)和公式(6.3)：

$$\text{资源耗减能值-货币价值}=\text{资源耗减能值}/(\text{能值}/\text{货币比率}) \tag{6.2}$$

$$\text{环境污染能值-货币价值}=\text{环境污染能值}/(\text{能值}/\text{货币比率}) \tag{6.3}$$

6.3.3　基于能值理论的绿色分析

基于前期搜集的原始数据及其计算结果，以及本部分公式(6.1)、公式(6.2)和公式(6.3)提供的核算方法，得到 2005～2013 年绵阳市资源耗减能值-货币价值、环境污染能值-货币价值和绿色 GDP 的计算汇总表(表 6.3)。

表 6.3　绵阳市生态系统能值-货币价值汇总表

指标	年份								
	2005	2006	2007	2008	2009	2010	2011	2012	2013
输入总能值/($\times 10^{21}$sej/a)	82.60	88.60	103	116	137	159	165	173	200
资源耗减能值/($\times 10^{21}$sej/a)	53.64	68.28	76.48	86.15	109.10	126.37	133.87	146.56	160.46
环境污染能值/($\times 10^{21}$sej/a)	4.09	5.80	5.99	12.26	6.19	5.84	4.21	3.24	3.34
资源耗减能值-货币价值/($\times 10^{8}$\$)	37.94	53.55	64.56	75.26	95.81	113.14	146.48	181.38	185.08
环境污染能值-货币价值/($\times 10^{8}$\$)	2.89	4.55	5.06	10.71	5.43	5.23	4.61	4.01	3.86
能值/货币比率/($\times 10^{12}$sej/\$)	14.14	12.75	11.85	11.45	11.39	11.17	9.14	8.08	8.67
传统 GDP/($\times 10^{8}$\$)	58.40	69.50	86.60	101.00	120.00	142.00	181.00	214.00	231.00
绿色 GDP/($\times 10^{8}$\$)	17.57	11.40	16.98	15.04	18.76	23.62	29.91	28.60	42.07
绿色 GDP/传统 GDP/%	30.08	16.41	19.60	14.89	15.63	16.64	16.52	13.37	18.21

根据表 6.3 得到如下结论：

(1)分析 2005～2013 国内生产总值，可见 2013 的传统为 231 亿美元，与 2005 年的 58.4 亿美元相比，增幅达 295.55%，经济水平提升较快。将历年的国

内生产总值分解为资源耗费能值-货币价值、环境污染能值-货币价值和绿色 3 个
部分(图 6.5)。可以看出建筑材料、原煤、天然气、火力发电等的资源消耗对传
统的贡献逐年增高，尤其是建筑材料中的水泥占的比重最大。

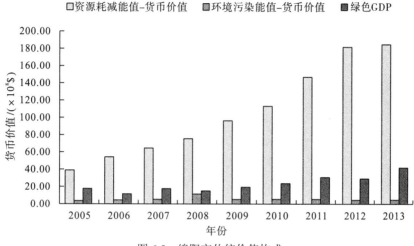

图 6.5 绵阳市传统价值构成

(2)环境污染的能值-货币价值虽然在国内生产总值中比重较小，但是对环境
的影响和资金(环境治理投资)上的代价是不容小觑的(图 6.6)。随着工业化和城
市化的推进，环境污染的产生量与人类活动如影相随，如 2013 年工业产值比
2005 年的工业产值增加 14 倍之多时，工业"三废"的排放正影响着城市的生态
安全；人口的扩大及生活消费结构的变化带来生活废弃物的增加；城市住房及基
础设施的建设会波及建筑废弃物的排放。

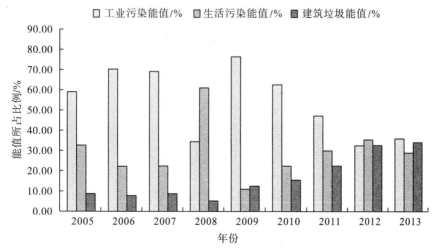

图 6.6 绵阳市环境污染能值来源构成

　　本书仅仅考虑了废弃物处理率之后实际排放到环境中的污染物能值数据（未统计环境治理投资费用）。近年来，绵阳市的工业污染得到了较好的控制，其在环境污染能值的比重从绝对的主导地位下降到与其他两因素基本相当的位置。生活污染能值除了 2008 年有一个突变值之外（自然灾害的影响），经历了一个先降后升的过程。而建筑垃圾的比重以年均 19.25% 的速度在递增，这无疑加大了系统对资源的耗费。

　　2005～2013 年，绵阳市绿色的能值货币价值从 17.57 亿元增至 42.07 亿元，增幅达到 139.43%，可见在国内生产总值增加（增幅 295.55%）的同时，也加大了对环境污染的治理投入，但绿色的增幅较为缓慢（图 6.7）。

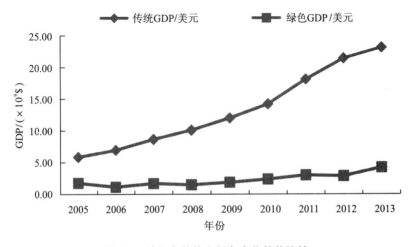

图 6.7　绵阳市传统和绿色变化趋势比较

　　绿色 GDP 与传统 GDP 之比反映了资源环境成本在国民经济核算中的比重，也揭示了区域经济发展的模式，两者之比越小说明本地经济发展对资源环境投入的需求越大。对照绵阳市传统与绿色的变化趋势图，可见前者的增长速度明显高于后者，绿色的增速说明绵阳市的经济体系中资源耗费和环境污染的比重较大。这主要是由于绵阳市正处于工业化水平低的阶段，增长靠的是生态耗费来拉动。而"放弃经济发展来节约资源、保护环境的模式"显然是不符合社会文明演进的现实需要的。因此，如何协调经济和资源环境，使其相互支持，促进整个系统可持续发展是需要我们持续关注和研究的课题。

6.4　本　章　小　结

　　(1) 系统可持续发展水平。绵阳市生态经济系统的 ESI 值普遍不高，小于 1，按照 Ulgiati 的观点，该生态系统属于消费型生态经济系统，其特点是环境负载率较高，具备较高的输入能值，但效率并不高，能值产出率相对较低，可持续发展水平低。从整体趋势来看，可持续发展水平呈现交错演替缓慢上升的趋势。

(2)系统可持续发展空间格局分析。选取 2013 年的数据计算出区域各县、市、区的可持续发展能值指标，利用 ArcGis 的空间分析工具，分析绵阳市生态经济系统能值指标的空间格局特征与态势。可持续发展性能较好的县、市主要集中在海拔较高的多山地带，如平武县和北川县，但是其经济不发达。涪城区和游仙区属于绵阳市中心城区，能值投入较大，社会经济相对发达，但是可持续性水平偏低。

(3)绿色 GDP 的核算方法是在现有国民经济核算的基础上考虑了自然资源与环境等因素，并将经济活动中自然资源的耗减成本与环境污染代价予以扣除。它不仅能反映经济增长水平，而且能够体现经济增长与自然环境保护的关系，较好地体现可持续发展核心要求。通过对绿色 GDP 和传统 GDP 的比较分析发现，前者的增长速度明显低于后者，经济增长依靠的是要素的投入，而不是全要素生产效率的提高，因此区域的可持续发展水平不高，需要提高效率。

7　对策与建议

为了确保区域可持续发展，不仅要重视系统内部各子系统间的纵向联系与平衡的问题，更要重视区域之间的横向联系与平衡，这种横向的区际联系(对应本书中不同的行政区)对调整可持续发展的空间结构及优化系统的整体功能至关重要。前面的研究已经分别涉及以上的两个层面。第一层面是用建立的能值指标体系，分别对组成系统的自然-社会-经济等子系统以及系统的具体要素进行了分解式的研究，明确了系统运行机制及可持续发展状态，但是单纯以单个行政区为研究对象来研究整个区域未来可持续发展存在的问题及改进的方式，而忽略各个系统间(或各个行政区)的相干关系、协同作用，是违背区域可持续发展的内核的。因此，又从区域空间发展的角度，进行了第二层面的研究，即根据发展相似性的原则以及区域空间发展的态势，对区域内部的不同行政区进行重新归类，简化研究对象，划分成了四大地区，分别是西北部山区、中心城区、中部平原丘陵区和东南部丘陵区。四大地区在自然资源禀赋、社会经济发展特征及可持续发展水平等各方面都存在着差异，但若能发挥各自所长，形成合理的区际联系和区域分工，不仅会增强区域可持续发展系统自身的能力，而且会推动整个系统可持续发展水平和能力的提高[210]。下面主要从以上两个层面形成区域可持续发展对策与建议。

7.1　推进区域人居环境系统的可持续发展

7.1.1　适度的人口容量，提高人口素质

(1)促进农村剩余劳动力向城镇的转移，减轻环境压力，是提升系统可持续发展水平的有效途径。尤其是东南部丘陵区的农业生态经济系统存在着大量的剩余劳动力。采取的措施是彻底根除二元户籍制度对人口集聚的限制；加快农村人口向第二、三产业转移的力度，因为第二、三产业比第一产业更具有消化人口的优势，同时还可以减轻农业生产系统的环境压力，最终实现可持续发展。

(2)适度的人口及合理的空间分布。书中采用了人口承受力和人口承载量两个指标，客观上是界定现实中人口消费需求与自然环境、社会经济系统供给是否协同的标准，因此经济发展对自然环境的破坏和压力，就要求量化系统适度的人口承载量。同时，人口空间分布的变化与产业的发展过程基本一致，当农业发展到一定水平，其生产规模及报酬递减至负值时，人口数量相对过剩，继而向第二

产业(工业)转移,人口空间分布也由分散的农村向工业区域或城镇集中。但当科技进步呈现相对恒定状态,第二产业以及社会生产力的边际生产力递减出现负值时,因劳动力投入增多,规模生产效益相对下降,于是第三产业独立于第一、二产业而初步得到发展。

(3)高素质人才的引入。当前绵阳市有丰富的科技资源基础,但是必须源源不断地输入能驾驭这些科技资源并将其转化为生产力的高端人才。根据要素的集聚与扩散的规律,就目前绵阳市所处的发展阶段而言,还不具备高级要素(如人才)集聚的条件。因此,绵阳市要加大与外界的沟通,扩充实力,循序渐进吸引人才,依托产业发展带动更多生产要素的集中。

7.1.2 综合利用资源,树立生态意识

资源环境的可持续发展是区域可持续发展的重要保障。促进资源环境的可持续发展,提高持续发展的能力,提高对系统资源环境的综合利用价值和利用效率,减轻人口对资源和环境的压力。目前,绵阳市各县、市、区(除北川县和平武县外)的人口大大超过绵阳市的可再生资源所能承载的人口容量,令绵阳市环境承受着巨大负荷。

(1)开发利用新能源。不可更新资源的有限性,决定了生态经济系统必须加强这类资源在系统中的利用效率,力争再循环和综合利用,以及寻找代用资源,组成新的生态经济系统。依靠科技进步,开发利用新能源和可再生资源,如太阳能和水力发电,走良性循环的发展之路。减少火力发电对石化资源的依赖及对环境的污染。

(2)资源及环境耗费能值比重大,应提倡循环经济。绵阳市当前的环境压力比较大,要实现区域可持续发展,就应变废为宝,将废物能值变为有用能值,达到资源的循环使用,不断提高能值利用率的目的。让系统通过接收外部高品质的能值财富反馈,有效使用可利用的能值财富,获得最大限度的增长。

(3)合理规划绵阳土地资源。中心城区的能值密度最大,充分地说明由于人多地少,高强度利用土地资源将会成为制约绵阳市城区未来社会经济可持续发展的因素。事实上,土地资源完全可以满足实现城市化的需要,完全可以做到用较少的用地和适宜的人口密度实现城市化,但事实上很多地方土地资源利用效率不高,还不断地吞噬耕地。因此,要合理规划中心城区的土地资源,以降低某些区域较重的环境承载量,并控制人口的适度增长。对广大的农村生态经济地域,要推广规模化生产,尽量集中建设聚居点,减少破碎化景观格局。

(4)建筑材料循环使用。能值结构显示,当前大部分县、市、区系统的建筑材料能值占总使用能值的比重极大,这与绵阳市快速发展的城镇化导致建筑材料的需求量剧增密切相关,同时也带来了建筑垃圾问题。所以应将建筑材料循环使

用，改变传统建筑垃圾的线性处置方式，走可再生利用之路，促进系统可持续发展。具体而言，就是采取 3R 策略，即建筑垃圾减量(reduce)、重复利用(reuse)以及回收利用(recycle)垃圾，减少建筑物对自然资源的依赖程度，从而真正实现建筑垃圾全部资源化，在保护环境的同时争取更大的经济利益和社会效益。

7.1.3 调整能值结构，改变经济增长方式

从能值利用总量反映的能值财富来看，大部分县、市、区(除了平武县)的能值财富主要源于建筑材料的使用，即大量依赖物质聚居空间的建设来带动经济增长，这种传统的高消耗型经济增长模式严重破坏环境资源，实际上是以牺牲环境为代价的发展，不符合可持续性发展的宗旨。因此，应该调整目前的经济产业结构，要鼓励发展能耗低的资源，控制能耗高的资源。应引进资本、技术、人才，或增加各产业的附加值，促进社会经济发展。

谋求区域合作是增强区域发展实力的一个非常好的途径。当前绵阳正处于工业化初期向中期的过渡阶段，即工业化和城市化即将迎来加速发展的起步阶段[①]，但总得来说是一个农业市，距离全面推进"城市反哺农村""工业促进农业"尚有一定差距。为此要依据区域空间发展规律，循序渐进地推进城乡统筹工作，而培养经济的"增长极"尤为关键，以此辐射其他地区，谋求区外合作势在必行。因为系统要维持区域人居环境系统的正常运转，必须要与其他城市、地区或国家进行经济贸易和资源共享，相互促进、共同发展。对外合作是系统存在、运行、发展的重要组成部分，包括商品、物质、劳务、技术人才交流等。国家或地区间的贸易往来或合作，要么是商业性的货物交易，要么是经济上的高科技合作，前者直接可以用市场货币衡量，而后者却难以定价。但通过能值理论分析发现，人类劳务和科学技术所带来的真正价值虽然不能直接用货币来定量评价，但它的高能值转换率是不容忽视的。2010 年由成都、绵阳及德阳三市共同编制完成的《成德绵区域合作总体规划》有望通过区域间的优势互补形成合力，成为具有全局和战略意义的新经济增长极，势必会在一定程度上增强绵阳市社会经济实力，促进产业结构升级，但这是一个长期的过程。

7.1.4 融汇科学技术，推动社会经济发展

科学技术是确保区域可持续发展的根本。为了维持区域社会的可持续发展，必须提高区域资源的人口承载能力，承载能力的增长速度必须大于或等于人口增长速度。因此，区域可持续发展问题实质上是提高区域资源承载能力的问题(这里所指的资源包括区域的全部资源如自然资源、社会资源和经济资

---

① 来自《绵阳城乡统筹规划》说明书(2010~2030)。

源)[211]，科学技术可以让人类扩大能值使用范围和规模，从而提高了区域资源的承载能力。科学技术使得人类摆脱了早期粗放使用资源、破坏生态环境的恶果，继而利用科学方法对资源进行高效开发，避免对生态环境造成干扰，从而提高资源的可利用程度，增强资源的功能。提高自然资源的利用效率也有待于科学技术的进步。科学技术可改善人类消费结构，提高消费效率。特别是对石化资源的消费，一方面带动经济发展，另一方面也在损坏人类生存环境，因此提高该资源的利用效率或开发其他可替代的清洁能源必须依赖科学技术。因此，科学技术是实现区域可持续发展的必由之路，实施科教兴国战略是实施可持续发展战略的长期决策及具体措施。唯有依赖科学技术及其开拓创新，方能确保人类社会经济的可持续发展。

绵阳市是国家重要的国防工业和科研生产基地，科技资源及潜能十分突出，拥有独立科研院所43家，中国工程物理研究院、中国空气动力研究与发展中心、中国燃气涡轮研究院等 18 家国防科研院所，西南科技大学等大专以上院校 10 所，长虹、九洲、东材、新晨4个国家认定企业技术中心，两院院士26人，各类科研和工程技术人员17万人。以绵阳市第一支柱电子信息产业中长虹和九洲两家为例，虽然这两家主导企业的总产值占到行业产值的 90%，但相关配套企业少，如长虹集团一年 100 多亿元的配套产品，绵阳本土仅占 20%；九洲、华丰在绵阳市本土的配套企业更是少之又少。本地配套率低，不利于产业集群的形成，对本地就业带动有限。同时，对地方资源的利用有限，产业链难以延伸，资源与市场的"两头在外"也造成了产业发展的地方根植性偏弱。因此，对绵阳市而言，当前的任务就是依靠科技资源来调整结构、优化资源配置以及提高资源利用效率，并通过技术创新开拓市场来促进经济的增长。

7.2 促进区域人居环境系统空间的协调发展

本部分着眼于区域资源的综合开发利用，促进区域整体利益的提升。主要依据第 5 章形成的能值空间差异机理以及第 6 章的可持续发展水平的研究成果，该成果表明了区域内部不同地区在生态环境资源基础以及承受人居环境活动能力方面的适应范围和承受容量是存在差异的。为此，从统筹全区的角度，明确四大地区的地域分工，目的是最大化地发挥各个地区自身优势，从而获得整体利益和持续发展。

7.2.1 西北部山区

环境负荷率、能值/货币比率、能值密度等指标都表明西北部山区属于社会经济落后、开发程度较低、生产中使用无须付费的自然资源比重大的区域。目前平武县和北川县的人口略高于可更新资源决定的人口承载力的下限(39.54 万人)，而目前西北部山区总能值使用量的 94.3%来自区内，其中 93.04%为可更新资源能值。靠自然环境系统提供能量的经济系统远远不及靠煤炭、石油、电能等高能值能量驱动的经济那样快速发展。从能量等级来看，高能质的电能的能值占区域总能值用量的比重很低，仅为 0.17%，大大低于发达地区水平，这在很大程度上限制了西北部山区工业化和信息化进程的速度和调整经济结构的力度。

造成以上问题的原因与该区先天的自然特质有很大的关系。西北部山区为龙门山脉高山、极高山区，位于长江上游的水源涵养区，是地质灾害多发区，在全国生态功能区划中具有生态调节、水源涵养等重要生态功能，因此，该区作为生态环境脆弱区的特质决定了维持可持续发展状态中生态环境保护的重要性，且一切发展都要以生态环境保护为前置条件，以确保人与自然环境的协调关系为区域可持续发展的核心内容。同时，该区与同属龙门山脉边缘的安县和江油市共同构成了市域内生态保护区、珍稀生物保护区、风景名胜区分布集中的区域，又是市域主要矿产资源分布区。因此，西北部山区的发展要以自然资源的可持续利用与优良的生态环境条件为前提，综合考虑经济发展及社会进步，实现资源的合理利用与开发，保障生态安全，增强区域社会经济发展的生态环境支撑能力，促进区域生态可持续发展。在此前提下，对西北部山区具有很大开发潜力的资源进行开发，特别是水力资源、矿产资源和旅游资源的开发。为此，提出以下政策建议：

(1)平武县和北川县的水能理论蕴藏量丰富，应合理开发利用，为西北部山区经济提供动力，增强经济的活力。该地区经济发展的一个重要的限制因素就是缺乏足够的高品质的能量，如电能等，而该地区的资源非常丰富，且为可更新资源。经过多年的水利开发，绵阳市的能源结构正在发生变化，目前水力发电量与火力发电量基本持平，不仅供应本区的社会经济发展，而且对整个区域经济的贡献也是不容忽视的。

(2)改善能值结构。充分利用水利转化为电力资源，进而带动加工工业的发展，将初级产品加工增值。特别是平武县的农产品长期受制于交通、土地、电力等，只能原材料输出，达不到延长产业链的目的，使得能值财富外流。北川县境内的中药材资源和石材资源蕴藏丰富，也应进行加工处理，增加能值财富，从而提高本地区的人均能值量，提高当地的生活水平。

(3)合理选择产业发展方向，促进旅游业的发展。平武县、北川县可与安县、江油市共同利用自然人文资源，促进旅游业发展，推出旅游产品，供游客消费，带动当地经济产出，增加该地区的总利用能值。

(4)发展要与环境承载力相匹配，加强环境保护，合理处理生产过程中的废弃物质。该区属于生态敏感地带，承载能力有限，因此开发建设的前提是保护环境，测度地区适宜的发展尺度。系统生产生活过程中产生的废弃物质含有部分能值财富，要将之转移到另外的系统循环使用，加强整体功能。

(5)引进训练有素的人才，保持适度的人口增长。该地区的发展需要吸纳外界能量与信息。适度增加人口，引进高素质人才有利于该地区的可持续发展。

7.2.2 中心城区与中部平原丘陵区

国家的经济发展实质上是城市所带动的区域经济发展[①]。区域发展状态和区域综合实力在于城市，城市是区域的"代言人"[134]。作为城镇化水平较高、市域产业分布主体地区的中心城区与中部平原丘陵区，其可持续发展与绵阳市"绵(阳)江(油)安(县)北(川)"一体化发展策略紧紧地联系在一起。"绵江安北"地区包括绵阳市中心城区、江油市城区、安县县城、北川县新县城、绵江带、绵安北带以及周边地区，是绵阳市社会经济发展水平最高、城镇和产业发展条件最好的地区，是绵阳市域都市化的核心发展区。从市域城镇人口空间分布分析看，西北部各县，受山地环境条件限制，城镇集聚人口规模很小；市域东南部各县，受工业化水平与发展条件限制，城镇集聚人口有限；中心城区在吸纳人口和聚集产业方面起着核心带动作用，江油市的集聚作用也较为强劲，安县和新北川是承接中心城区产业转移的地区，因此"绵江安北"一体化发展将有利于增加就业机会、吸引人口集聚，推动城镇化水平提高。

从产值来看，中心城区与中部平原丘陵区两个地区是农业生态系统、工业生态系统和城市生态系统复合的区域。对其可持续发展提出以下几点建议：

第一，转变经济增长方式、降低能值/货币比率。目前该地区经济增长是建立在资源耗费的基础上的，绿色 GDP 与传统 GDP 的比值较低，属于不可持续的发展方式。由2013年提供的数据显示，可更新资源承载的人口承载力方面，中心城区和中部平原丘陵区分别为 1.05 万人和 14.37 万人；由可更新资源和输入能值共同承载的人口承载量分别是 121.38 万人和 125.89 万人。这两个数据都低于当前两个地区实际的人口量，说明系统还要消耗并输入大量资源，这是当前该地区社会经济发展不可避免的问题，因此要提高资源、能源的利用效率。

第二，挖掘资源优势，调整产业结构。优化第一产业，位于"绵江安北"都市化地区，大力发展都市型农业，引导农业与游憩业、零售商业、科研、加工业、物流业相结合，改变传统耕作方式，增加农业资源的延伸产品，带动整体社会经济发展。保持第二产业的发展速度，加快第三产业发展，重点在于打破绵阳市国防科技、军工企业对地方经济带动较弱的格局，利用这些高能值的

---

① 吴良镛. 区域规划与人居环境创造[J].城市发展研究，2005，12(4)：1-6.

科技资源提升产业品质，提高能值等级，继续巩固人口和产业在该地域空间绝对的控制地位。

第三，改善能源消耗结构。由于电力是维持区域工业发展和经济增长的高品质能源，与国内外城市或区域相比，该地域的电力能值占总能值使用量的比重较低，这影响到了绵阳市工业化和信息化的进程。因此，该区应引进高新技术来提高电力资源的发电效率，尤其是合理利用太阳能、水利资源等可再生资源发电，逐步提高清洁、高能值能源占总能源消耗能值中的比例，减少传统发电方式（如火力发电）对经济的负效应。

第四，深挖绵阳市的科技潜能。绵阳市是国家决定建设和国务院审批规划的中国唯一的科技城。其建设目标：以科技为先导、以产业经济为支撑、以提高资源利用效率为重点、人与自然和谐发展的科技城。可通过科学教育的方式，提高劳动力素质，将高新科学技术转化为全区共享的能值财富。引进高端人才，以高校和科研院所为科研支持平台，带动技术创新与成果转化，从而促进经济发展和社会进步。

7.2.3　东南部丘陵区

通过对绵阳市 2013 年第一产业产值结构统计发现（表 7.1），东南部丘陵区是绵阳市域重要的粮油生产基地之一。其农业、林业、牧业、渔业和服务业各方面的产出均高于其他三个地区，尤其是农业与牧业占有较大的优势。

表 7.1　区域第一产业产值结构（2013 年）

区域	农林牧渔业/%	农业/%	林业/%	牧业/%	渔业/%	服务业/%
西北部山区	6.60	2.88	0.88	2.69	0.04	0.11
中心城区	18.31	9.39	0.52	7.29	0.76	0.35
中部平原丘陵区	25.94	13.39	0.67	10.52	0.92	0.44
东南部丘陵区	49.15	24.81	1.38	20.31	1.81	0.85

通过资料进一步发现，该区的农业现代化程度低，总体仍以传统农业主导，农业规模化、三产化进展较慢。普遍存在的问题有几点：①规模化经营的现代农业园区数量不足，农业机械化程度偏低，农民专业化合作组织数量不足；②农业配套系统较落后，土地转让缺乏流转服务体系，影响了其农业产业化的发展。同时，绵阳市农产品市场还没有建立布局合理、功能完善的大宗农产品批发市场和通畅的物流配送体系，由此增加了农产品的运输成本；③农产品深加工程度较低，目前绵阳市农产品加工转化的程度总体来说还不是很理想，由于农产品加工所占比重较小，多以初级产品出售，产业链条短，技术含量不高，产品附加值

低，导致农产品的增值效益比较低，阻碍了绵阳市农业产业化发展进程；④该地区的农业从业人员多，向外转移趋势明显，人多地少使农业劳动力剩余现象明显，且向外转移的压力大，特别是三台县为最大的劳务输出大县。

从能值结构上看，东南部丘陵区在外商投资、输入商品、燃料使用等能值大致与西北部山区相当，又与中心城区和中部平原丘陵区有极大的差距。除了三台县县城、盐亭县县城和梓潼县县城为吸纳城镇化人口的主要区域以外，其他地域均为第一产业附着的区域。因此，从城乡统筹的角度来看，要让更多的农村劳动力、农村居民进入城镇，让更多的资金、技术、人才流向农村。重要的措施是：

(1)要规模化生产粮食作物和经济作物，加大招商引资力度，吸引规模化农业企业入驻。进行农产品加工，延长农产品的价值增值链，增加产品的附加值，增加农民收入，推动产品升级和产业升级。

(2)提高农业信息化水平，配备处理信息和传播信息的软硬件设备，逐步健全农村地区信息网络设备体系，用信息化普及农业知识来源渠道，扩展农产品市场范围，如建立农产品电子商务。

(3)提高农业从业人员的文化水平。在农村劳动力人口中，大多数为小学、初中文化水平，并且呈现出老龄化和女性化的趋势，其素质提高缓慢，在经营农产品时大多靠经验，缺乏自主研发与创新的实力。农业从业人口文化水平的低下，将直接阻碍农业产业的持续与健康发展。

(4)需要推进农业机械化进程，提高农业生产率，以解放农村富余劳动力。同时，加强引导农业与其他产业结合，加快实现农产品生产、加工、贸易、物流一条龙产业链。

8 结论与展望

8.1 研究结论

本书以区域系统可持续发展评价为研究目标，以 Odum 提出的能值理论建构的逻辑思路为研究方法，建立基于能值理论的区域可持续发展研究理论与方法。并在充分搜集整理相关数据资料的基础上，对绵阳市的生态经济复合系统展开多层次、多角度、多截面的研究。研究主要涵盖 5 个方面的内容：①区域可持续发展研究的理论框架；②区域系统能值结构及能值指标分析；③区域系统能值空间差异研究；④系统可持续发展水平评价；⑤区域可持续发展的对策与建议，是理论与实践有机融合的研究过程。其中，②～⑤是用能值分析方法对四川省绵阳市进行实证研究。

本书研究形成的主要结论如下。

1) 能值角度的区域可持续发展研究的理论框架

主要包括系统要素构成、要素空间发展规律和区域可持续发展的能值分析框架。

(1) 系统要素及运行机制。对具体的区域进行可持续发展评价时，首先要对区域系统的结构和功能进行分析，其目的是明确区域系统的运行状态及机制，为评价指标体系的建立奠定基础。系统结构要素由人口、资源、环境、社会、经济、科技等组成，同时这些要素又以动态的"流"的形式体现系统的能量流动（能流）、物质循环（物流，如资源流、货物流、人口流等）、价值增值（货币流）和信息传递（信息流、技术流等）等功能，它们之间相互依赖、相互制约。这种相互依赖和相互制约具体表现为系统要素之间或子系统之间的反馈耦合机制和协同作用，耦合作用是实现区域可持续发展的重要的动力机制，协同作用是区域可持续发展系统形成有序结构的内在动因。

(2) 区域空间发展的动态演化。用人类社会生态系统能量图来表征系统要素或子系统之间的相互渗透和相互联系，能量是驱动系统发展的原动力。由于各种能量类型在质上存在差别，从而可以用能值转换率来量化能量等级。系统中基本的子系统，自然环境子系统、农业生产子系统、工业生产子系统和社会生活子系统的能量等级是由低到高的排列顺序。区域可持续发展的过程是一个取得"动态平衡"的过程，组成的系统要素的集聚与扩散是促进区域空间结构形成的根本原因，结构意味着区域内的不同地区存在着能量等级差异。

（3）区域可持续发展的能值指标体系的建立。区域可持续发展研究的中心内容就是要将人口、资源、环境、社会、经济、科技等系统要素之间的内在联系定量地表达出来，建立可持续发展评价指标体系。利用能值分析方法，首先图解环境系统与经济系统的能值流耦合关系，然后将区域可持续发展系统划分为社会亚系统、经济亚系统、自然亚系统和系统可持续发展性能 4 大表现层、16 个指标的能值评价指标体系。社会亚系统包括能值自给率、人均能值量、能值密度、人均燃料能值和人均电力能值 5 个能值指标；经济亚系统包括能值/货币比率、能值交换率、能值投资率和电力能值比 4 个指标；自然亚系统包括环境负载率、可更新能值比、废弃物与可更新资源能值比和人口承受力 4 个指标；系统可持续发展能值指标包括能值产出率、能值可持续指标和能值可持续发展指标 3 个指标。

2）区域系统能值结构及能值指标分析

（1）绵阳市是一个农业市，区域内不同县、市、区之间在自然、社会经济条件方面差异显著。区域中心城区和江油市区社会经济要素集中，城镇化和工业化水平低；平武县和北川县受自然、交通、区位等的约束，发展落后；其他地区为典型的农业经济。受政策引导，当前区域第二产业主要集中在"绵江（油）安（县）北（川）"的未来都市化区。区域空间发展不平衡，中心城市的集聚、拉动作用不强。

（2）系统能值流输入输出结构显示，绵阳市是一个需要外来投入支撑的系统，社会经济不发达，人居环境建设耗费的建筑材料消费能值占了极大的比重。能值输出方面，商品和服务、劳务和电力输出的能值保持年均约 7.60%的增长率，水力发电能值一直保持增长趋势。为了应对废弃物排放对环境带来的压力，污水处理率和固体综合利用率不断提高，建筑废弃物随着建设需求量的增加呈年均 16.33%的增长态势。因此，在区域系统社会经济发展的同时，也给生态环境带来了负效应。

（3）系统能值演变与趋势。社会亚系统方面，社会经济系统对输入能值的需求量越来越大，使得能值自给率总体呈下降趋势；能值密度保持着年均 11.71%的增长势头，表明经济发展水平越来越高，同时对土地资源的承载力影响越来越大；人均能源消耗存在着波动变化，区域使用清洁能源（水力发电）的能值比重越来越大，系统的可持续发展能力将有所提高。经济亚系统方面，系统能值/货币比率虽然呈下降趋势，但是与国内地区或发达国家相比，经济仍然落后；能值交换率的变化表明绵阳市在对外贸易中处于有利地位，尤其是在汶川地震后的 3 年间（2008～2010 年）系统财富在不断增加，能值货币流通加快，能值净输入持续增长（净输入=输入能值-输出能值）；能值投资率也是受到灾后人居环境建设力度的影响，以年均 12.12%的速度递增，同时，燃料、进口商品、外商投资以及旅游外汇收入能值不断上涨，系统的发展程度越来越高，对本地资源的依赖越来越小；电力能值比小于省内的其他城市，工业化水平不高。自然亚系统方面，随着系统能值利用总量和开发强度的提高，系统环境负载率将越来越大，社会经济发展已经给环境带来了压力，因此，需要采取措施投入高能值转化率的科学技术；系统可更新资源主要来自雨水势能和水利发电能，可更新资源能值对系统总能值财富的贡献逐渐降低，说明水力资源优势尚未完全显露出来。废弃物排放量有增无减，且空间排放特征与区域产业空间分布、能源使用、人居环境建设强度紧密相连。有两个分别反映系统自然属性(可更新资源能值可承载的人口)和社会经济属性(可更新资源能值和输入能值可承载的人口)的人口指标：人口承受力和人口承载量。人口承受力远远小于区域实际户籍人口，说明系统的环境压力大，必须协调总能值增长速度和人口增长速度，适当控制人口增长。人口承载量与实际人口相比差距也很大，因此，系统要不断输入资源才能维持当前的社会经济发展，相应也会带来环境污染。

3) 区域系统能值空间差异研究

(1) 能值流空间分布。

北川县和平武县蕴含丰富的生态资源，可更新资源能值大；能源使用和相应空间的经济结构有关，其中原煤和电力使用能值以江油市和涪城区为主；涪城区和游仙区属于社会经济较为活跃的区域，是环境资源能值输入的主体，如建筑材料输入占区域总利用能值的 60%以上，涪城区的投资及进口能值总量占区域的88.79%，表明中心城区(涪城区和游仙区)是一个开放程度较高的系统，不断地与外界进行物质、能量和信息的交流。与高能值使用总量相对应的是，涪城区的废弃物排放能值占排放总量的比重均超过 33%。江油市由于原煤使用，其废气排放比重最大，达到 52.53%。相反地，平武县和北川县受制于土地、电力和交通等生产要素的限制，系统较闭塞，发展落后。

(2) 能值指标空间差异分析。

平武县和北川县为典型的山区城市，自然资源开发的潜力大(如水力发电)，但是受生产条件限制，社会经济不发达，人类聚居建设的土地资源少。

涪城区和游仙区为高能值等级区域，能值输入需求量大，社会经济最活跃，环境压力最大，属于资源消耗型系统，但能值产出率不高，系统运转效率低下。在"绵(阳)江(油)安(县)北(川)"一体化发展的地区其能值等级明显高于其他地域。

(3) 能值区域空间差异分析。

综合考虑人口、自然、经济和社会等要素，以及相邻行政单元相对完整的原则，将绵阳市域划分成西北部山区、中心城区、中部平原丘陵区和东南部丘陵区共四大地区，四大区域属于不同能量等级的系统。西北部山区的自然资源优势明显，但系统较为封闭；中心城区、中部平原丘陵区和东南部丘陵区均为资源消耗系统，但在人口、社会、经济、资源利用等方面存在差异。

中心城区的能量等级高，经济开发程度高，发展等级高，城镇化和工业化水平高；中部平原丘陵区能量等级次之，经济开发程度较高，发展等级较高，城镇化和工业化水平有潜力提升；东南部丘陵区以农业经济系统为主，社会经济发展程度不太高，城镇化和工业化水平不高，农业发展潜质较高。从可持续指标来看，西北部山区为欠发达地区，其他三个地区为资源消耗型系统，以人为输入能值财富为主，为富有发展潜力的地区。

4) 系统可持续发展水平评价

(1) 系统可持续发展水平。能值产出率(EYR)是用来衡量系统运行效率的一个指标，绵阳市的 EYR 小于1，发展态势是可持续的。2005～2013 年绵阳市的能值可持续指标(ESI)均小于1，说明系统属于资源消耗型系统，ESI 或 EISD 变化趋势基本相似。用 ESI 或 EISD 来比较国家或城市间的可持续发展状态是一个富有争议的问题，但是该指标从自然、社会、经济、生态环境等不同角度让人们来理清系统的结构、功能运行状况及存在的问题，在为地方决策提供思路方面仍然具有参考价值。

(2) 系统可持续发展空间格局分析。利用 ArcGis 的空间分析工具，研究发现，可持续发展性能好的县、市主要集中在海拔较高的多山地带，如平武县和北川县，但是经济不发达。中心城区(涪城区和游仙区)的能值投入较大，社会经济相对发达，但是可持续性水平偏低。

(3) 传统 GDP 中扣除自然资源与环境污染成本的能值-货币价值就是绿色GDP。通过对 2005～2013 年绿色 GDP 和传统 GDP 的纵向分析发现，前者的增长速度明显低于后者，显然，区域经济是处于要素投入驱动的阶段，而不是全要素生产效率的提高，因此区域的可持续发展水平不高，需要提高效率。

5) 区域可持续发展的对策建议

本书分别从系统要素的协调发展以及制定差异性的空间发展策略两个方面提出确保区域可持续发展的对策与建议。

(1) 系统要素方面。

人口。促进农村剩余劳动力向城镇转移，尤其是东南部丘陵区劳力的转移，减轻环境压力；确保人口承载量与区域的发展相匹配，且人口空间分布的变化与产业发展相一致；引进高素质人才是充分利用区域科技资源、提高创新能力的关键。

资源环境。提高对系统资源的综合利用价值和利用效率，开发利用新能源；提倡循环经济，将废物能值变为有用能值；合理利用土地资源，城区要节约使用土地，适度控制人口，在农村地区推广规模化生产；采取 3R 策略实现建筑垃圾全部资源化，减少对自然资源的依赖。

社会经济。改变高消耗型带动经济增长的方式，应调整产业结构，鼓励发展低能耗资源，增加产业附加值。

科学技术。利用科学技术提高区域承载力，提高资源的利用效率，改善人类消费结构。挖掘绵阳市的科技资源及潜能来调整产业结构、优化资源配置，通过技术创新促进经济增长。

(2)因地制宜制定空间发展策略。

西北部山区，全区总使用能值的94.3%来自区内，电能使用比值最低，发展限制条件较多。因此，要充分利用其自然资源优势，进行水利资源开发；对初级产品进行加工，延长产业链，增加产品的附加值，从而促进能值财富增长；推出旅游产品，促进旅游业发展，带动当地经济能值产出；该区属于生态敏感地带，发展不应该超出环境容量，加强环境保护；引进高素质人才。

中心城区与中部平原丘陵区可持续发展与"绵(阳)江(油)安(县)北(川)"一体化发展策略联系在一起，这是绵阳市域都市化核心发展区，是市域经济能值等级最高的地区。因此，要维持可持续发展状态，需要转变经济增长方式，降低能值/货币比率；挖掘资源优势，调整产业结构；改善能源消费结构；挖掘科技潜能，将高新技术转换为区域共享的能值财富，引进高端人才，带动技术创新与成果转化。

东南部丘陵区是绵阳市重要的粮油生产基地，但是以传统农业为主，农业现代化程度低。农产品深加工程度低，多以初级产品出售，该区剩余劳动力向外转移的压力大。因此要规模化生产，吸引规模化农业企业入驻，通过农产品加工延长农产品的价值增值链；提高农业信息化水平；提高农业从业人员的文化水平；推进农业机械化进程，提高农业生产率，以解放农村富余劳动力。同时，加强引导农业与其他产业相结合，加快实现农产品生产、加工、贸易、物流一条龙产业链。

8.2 展　　望

区域可持续发展评价研究是一个由来已久的课题，很多学科均介入了对此问题的思考，产生了一系列兼有理论和实践价值的研究成果。本书借用能值理论建构的研究方法，对绵阳市区域可持续发展情况进行了探索性的工作，但仍然存在一些不足，有需要进一步思考的地方，主要表现在以下几个方面：

(1)关于能值转换率的使用。由于能量折算系数和能值转换率的计算较为复杂，因此，在基础数据的处理中主要引用了 Odum 的研究成果，并借鉴了国内外的研究文献中的部分成果。但由于各地区社会经济发展水平与效益等因素存在一定的差异，可能会使数据的计算结果存在误差，所以有学者认为可以搜集中国学者常用的能值转换率，建立能值转换率数据库，并开展必要的讨论和说明，对其进行适宜的优化处理，以此跨越能值理论应用和推广的重要障碍[212]。

另外，绿色 GDP 的核算方法研究目前在国际上尚无统一的方法，因此，关于计算绿色 GDP 的估算方法还有待于进一步研究。

(2)在基础能值流计算中，由于统计资料的局限，存在以下争议：部分不可更新资源未纳入其中，如北川县和平武县的矿产资源；另外，只查找到绵阳市水力发电的总量，但是无从知晓这个总量数据在对应县、市、区的发电量，因此，在计算各县、市、区能值流数据库时，在可更新资源能值里未列出水力发电一项；输入和输出也有争议，比如外汇旅游收入，可以理解成输入，也可以理解为输出(旅游为外来游客提供服务)。这些都有可能导致结果的偏差，望后续研究进行改进。

(3)本书各县、市、区采取统一的能值项目可能会对结果造成一些争议。原因在于绵阳市域空间是一个典型的由自然子生态系统(如平武县、北川县)、农村社会生产子系统(如三台县、盐亭县、梓潼县)和城市社会经济子系统组成的复杂系统(如涪城区、游仙区、江油市区)，其中，自然生态子系统的自然资源优势明显，农村社会生产子系统和城市社会经济子系统以人口和资源利用为核心，它们各自的发展路径方式是不同的。所以在能值项目上应该是有差异的(如三台要突出其农业大县，在能值产出方面要突出其农业产品等)，特别是能值产出应该有区别。这样考虑的话，势必会涉及大量的基础数据，为此，用可更新资源能值、化肥的使用能值来间接表明农业生产的潜力及其人工投入，用市场化的三大产业产值来表征各行政区的主导产业。这样的问题其实就是涉及能值研究的尺度问题，在"市域"空间层面进行研究都会存在这个难题。如何综合性的取得协调，需要在今后研究中深入探讨。

(4)缺少可持续发展能值指标的预警阈值。这是能值研究的一个难点。由于相似地区的能值研究成果较少，可以比较的指标评价结果不多见，所以在研究中主要通过能值指标的趋势变化来分析系统的可持续发展态势。另外，以发达国家或发达地区为参照进行可持续发展水平的判读，限制了对比分析效果。

参 考 文 献

[1] 吴良镛. 人居环境科学导论[M]. 北京: 中国建筑工业出版社, 2001.

[2] 张学文. 区域可持续发展理论与方法[M]. 哈尔滨: 黑龙江教育出版社, 2007.

[3] 谭少华, 段炼, 赵万民, 等. 基于能值分析的人居环境建设系统价值评价[J]. 城市规划学刊. 2009, (3): 53-57.

[4] 中华人民共和国统计局. 中华人民共和国 2013 年国民经济和社会发展统计公报[R]., 2014.

[5] Pulselli R M, Simoncini E, Pulselli F M, et al. Energy analysis of building manufacturing, maintenance and use: Em-building indices to evaluate housing sustainability[J]. Energy and Buildings, 2007, 39(5): 620-628.

[6] 李静华. 建筑碳计量碳排放酝酿国际标准[Z]. 2012: 2014.

[7] Pulselli R M, Simoncini E, Ridolfi R, et al. Specific energy of cement and concrete: An energy-based appraisal of building materials and their transport[J]. Ecological Indicators, 2008, 8(5): 647-656.

[8] 爱德华兹著布赖恩. 可持续性建筑[M]. 周玉鹏, 宋晔皓译. 北京: 中国建筑工业出版社, 2003.

[9] 世界钢铁协会. 世界钢铁统计数据 2014[R]. 2014.

[10] 中华人民共和国环境保护部. 2013 中国环境状况公报[R]. 2014.

[11] 陈秉钊等. 可持续发展中国人居环境[M]. 北京: 科学出版社, 2003.

[12] 任俊娟. 区域可持续发展空间差异的测度研究——以烟台市为例[D]. 山东大学, 2008.

[13] 王威, 徐颖. 论区域可持续发展的综合评价[J]. 中国社会科学院研究生院学报. 2006, (4): 106-110.

[14] 匡耀求, 孙大中. 基于资源承载力的区域可持续发展评价模式探讨——对珠江三角洲经济区可持续发展的初步评价[J]. 热带地理. 1998, 18(3): 249-255.

[15] 江小群. 关于区域人居环境建设的思考[J]. 规划师. 2003, 19(S1): 44-45.

[16] 魏一鸣, 傅小锋, 陈长杰. "区域可持续发展"概念的试定义[M]. 北京: 科学出版社, 2005.

[17] 毛汉英. 人地系统与区域可持续发展的研究[M]. 北京: 中国科学技术出版社, 1995.

[18] 吴超, 魏清泉. 区域协调发展系统与规划理念分析[J]. 地域研究与开发. 2003, 22(6): 6-10.

[19] 方创琳. 区域发展规划论[M]. 北京: 科学出版社, 2000.

[20] 徐向东, 薛惠锋, 寇晓东. 基于现代时空理念的区域协调发展质量探讨——以西安市为例[J]. 西安工程科技学院学报. 2004, 18(1): 76-81.

[21] 申玉铭, 毛汉英. 区域可持续发展的若干理论问题研究[J]. 地理科学进展. 1999, 18(4): 287-295.

[22] 李利锋, 郑度. 区域可持续发展评价——以拉萨地区为例[J]. 地理研究. 2004, 23(4): 551-560.

[23] 牛文元, 毛志锋. 可持续发展理论的系统分析[M]. 武汉: 湖北科学技术出版社, 1998.

[24] 李利锋, 郑度. 区域可持续发展评价:进展与展望[J]. 地理科学进展. 2002, 21(3): 237-248.

[25] 张金萍, 秦耀辰, 张二勋. 中国区域可持续发展定量研究进展[J]. 生态学报. 2009, 29(12): 6702-6711.

[26] Lawn P A. A theoretical foundation to support the index of sustainable economic welfare (ISEW), genuine progress indicator (GPI), and other related indexes[J]. Ecological Economics. 2003, 44(1): 105-118.

[27] Stockhammer E, Hochreiter H, Obermayr B, et al. The index of sustainable economic welfare (ISEW) as an

alternative to GDP in measuring economic welfare. The results of the Austrian (revised) ISEW calculation 1955 - 1992[J]. Ecological Economics, 1997, 21 (1): 19-34.

[28] Kubiszewski I, Costanza R, Gorko N E, et al. Estimates of the Genuine Progress Indicator (GPI) for Oregon from 1960 - 2010 and recommendations for a comprehensive shareholder's report[J]. Ecological Economics, 2015, 119: 1-7.

[29] Bagstad K J, Berik G, Gaddis E J B. Methodological developments in US state-level genuine progress indicators: Toward GPI 2.0[J]. Ecological Indicators, 2014, 45: 474-485.

[30] Hamilton C. The genuine progress indicator methodological developments and results from Australia[J]. Ecological Economics, 1999, 30 (1): 13-28.

[31] Smith R. Development of the SEEA 2003 and its implementation[J]. Ecological Economics, 2007, 61 (4): 592-599.

[32] Lange G. Environmental accounting: Introducing the SEEA-2003[J]. Ecological Economics, 2007, 61 (4): 589-591.

[33] Edens B, Graveland C. Experimental valuation of Dutch water resources according to SNA and SEEA[J]. Water Resources and Economics, 2014, 7: 66-81.

[34] Bartelmus P. SEEA-2003: Accounting for sustainable development? [J]. Ecological Economics, 2007, 61 (4): 613-616.

[35] Dietz S, Neumayer E. Weak and strong sustainability in the SEEA: Concepts and measurement[J]. Ecological Economics, 2007, 61 (4): 617-626.

[36] 修瑞雪, 吴钢, 曾晓安, 等. 绿色 GDP 核算指标的研究进展[J]. 生态学杂志, 2007, 26(7): 1107-1113.

[37] Bravo G. The human sustainable development index: new calculations and a first critical analysis[J]. Ecological Indicators, 2014, 37: 145-150.

[38] Hou J, Walsh P P, Zhang J. The dynamics of human development index[J]. The Social Science Journal, 2015, 52(3): 331-347.

[39] Rees W E. Ecological footprints and appropriated carrying capacity: what urban economics leaves out[J]. Environment and urbanization, 1992, 4(2): 120-130.

[40] Zhao S, Li Z, Li W. A modified method of ecological footprint calculation and its application[J]. Ecological Modelling, 2005, 185(1): 65-75.

[41] Siche R, Pereira L, Agostinho F, et al. Convergence of ecological footprint and emergy analysis as a sustainability indicator of countries: Peru as case study[J]. Communications in Nonlinear Science and Numerical Simulation, 2010, 15(10): 3182-3192.

[42] Oecd. Towards Sustainable Development: Environmental Indicators[M]. Paris: OECD, 1998.

[43] Oecd. Environmental Indicators: OECD Core Set[M]. Paris: OECD, 1994.

[44] Mazijn B. Alternative Indicators or Indices for GNPWithin the Context of Sustainable Development[R]. Belgium: Workshop of Ghent, Belgium, 1995.

[45] 中国 21 世纪议程管理中心, 中国科学院地理科学与资源研究所. 可持续发展指标体系的理论与实践[M]. 北京: 社会科学文献出版社, 2004.

[46] 毛汉英. 山东省可持续发展指标体系初步研究[J]. 地理研究. 1996, 15(4): 16-23.

[47] 李锋, 刘旭升, 胡聃, 等. 城市可持续发展评价方法及其应用[J]. 生态学报. 2007, 27(11): 4793-4802.

[48] 兰国良. 可持续发展评价指标体系构建及其应用研究[D]. 天津: 天津大学, 2004.

[49] 马彩虹. 宁夏西吉县可持续发展评价与预测[J]. 水土保持研究, 2007, (5): 43-45.

[50] 程全国, 王留锁, 吴杨. 辽宁省法库县可持续发展评价研究[J]. 辽宁林业科技, 2008, (5): 13-17.

[51] 吴良镛. 中国传统人居环境理念对当代城市设计的启发[J]. 世界建筑, 2000, (1): 82-85.

[52] 陈秉钊. 上海市郊区小城镇人居环境可持续发展研究[J]. 城市规划汇刊, 2002, (4): 19-22.

[53] 吴志强. 可持续发展中国人居环境评价体系[M]. 北京: 科学出版社, 2004.

[54] 宁越敏, 查志强. 大都市人居环境评价和优化研究——以上海市为例[J]. 城市规划, 1999, (6): 14-19.

[55] 陈浮. 城市人居环境与满意度评价研究[J]. 城市规划, 2000, (7): 25-27.

[56] 刘颂, 刘滨谊. 城市人居环境可持续发展评价指标体系研究[J]. 城市规划汇刊, 1999, (5): 35-37.

[57] 周波. 城市次生性人居环境问题与可持续发展[J]. 四川大学学报(哲学社会科学版), 2005, (3): 141-144.

[58] 黄光宇. 山地人居环境的可持续发展[J]. 时代建筑, 1998, 19(1): 70-71.

[59] 赵万民. 三峡工程与人居环境建设[M]. 北京: 中国建筑工业出版社, 1999.

[60] 张显峰, 崔伟宏. 基于 GIS 与空间统计分析的可持续发展度量方法研究——以缅甸 Myingyan District 为例[J]. 遥感学报, 2001, 15(1): 34-40.

[61] 蓝盛芳, 钦佩, 陆宏芳. 生态经济系统能值分析[M]. 北京: 化学工业出版社, 2002.

[62] Ulgiati S, Brown M T. Emergy and ecosystem complexity[J]. Communications in Nonlinear Science and Numerical Simulation, 2009, 14(1): 310-321.

[63] Ulgiati S, Odum H T. Emergy Analysis of Italian Agricultural System the Role Energy Quality and Environmental Inputs: Ecological Physical Chemistry Proceedings of 2nd International Workshop[Z]. Milan, Italy Elserier, Amsterdam, 1992: 187-215.

[64] Ferraro D O, Benzi P. A long-term sustainability assessment of an Argentinian agricultural system based on emergy synthesis[J]. Ecological Modelling, 2015, 306: 121-129.

[65] 胡晓辉, 黄民生, 张虹, 等. 福建省县域农业生态系统的能值空间差异分析[J]. 中国生态农业学报, 2009, 17(1): 155-162.

[66] 王千, 金晓斌, 周寅康, 等. 河北省耕地生态经济系统能值指标空间分布差异及其动因[J]. 生态学报, 2011, 31(1): 247-256.

[67] 张洁瑕, 郝晋珉, 段瑞娟, 等. 黄淮海平原农业生态系统演替及其可持续性的能值评估[J]. 农业工程学报, 2008, 26(6): 102-108.

[68] Lin Y, Huang S, Budd W W. Assessing the environmental impacts of high-altitude agriculture in Taiwan: A driver-pressure-state-impact-response(DPSIR)framework and spatial emergy synthesis[J]. Ecological Indicators, 2013, 32: 42-50.

[69] Huang S L. Urban ecosystems, energetic hierarchies, and ecological economics of Taipei metropolis[J]. Journal of Environmental Management, 1998, 52(1): 39-51.

[70] Ascione M, Campanella L, Cherubini F, et al. Environmental driving forces of urban growth and development[J]. Landscape and Urban Planning, 2009, 93(3-4): 238-249.

[71] Liu G Y, Yang Z F, Chen B, et al. Emergy-based urban ecosystem health assessment: A case study of Baotou, China[J]. Communications in Nonlinear Science and Numerical Simulation, 2009, 14(3): 972-981.

[72] Liu G Y, Yang Z F, Chen B, et al. Emergy-based urban health evaluation and development pattern analysis[J]. Ecological Modelling, 2009, 220(18): 2291-2301.

[73] 刘耕源, 杨志峰, 陈彬, 等. 基于能值分析的城市生态系统健康评价——以包头市为例[J]. 生态学报, 2008, 28(4): 1720-1728.

[74] 李恒, 黄民生, 姚玲, 等. 基于能值分析的合肥城市生态系统健康动态评价[J]. 生态学杂志, 2011, 30(1): 183-188.

[75] 李心如, 张绪良, 孙宏霞, 等. 烟台市生态经济系统的能值分析[J]. 城市环境与城市生态, 2014, 27(3): 21-30.

[76] 李占玲, 陈飞星, 李占杰. 北京市城市生态系统能值分析[J]. 城市问题, 2005, (6): 25-29.

[77] 吕翠美, 杜发兴, 董晓华. 基于能值理论的城市复合生态系统可持续发展评价[J]. 三峡大学学报(自然科学版), 2011, 33(3): 1-5.

[78] 胡晓辉, 黄民生. 基于能值分析的福州与厦门城市生态系统比较研究[J]. 生态科学, 2007, 26(6): 553-558.

[79] 宋豫秦, 曹明兰, 张力小. 京津唐城市生态系统能值比较[J]. 生态学报, 2009, 29(11): 5882-5890.

[80] 孙露, 耿涌, 刘祚希, 等. 基于能值和数据包络分析的城市复合生态系统生态效率评估[J]. 生态学杂志, 2014, 33(2): 462-468.

[81] Geng Y, Zhang P, Ulgiati S, et al. Emergy analysis of an industrial park: The case of Dalian, China[J]. Science of The Total Environment, 2010, 408(22): 5273-5283.

[82] 张芸, 陈秀琼, 王童瑶, 等. 基于能值理论的钢铁工业园区可持续性评价[J]. 湖南大学学报(自然科学版), 2010, 37(11): 66-71.

[83] Zhang L, Geng Y, Dong H, et al. Emergy-based assessment on the brownfield redevelopment of one old industrial area: a case of Tiexi in China[J]. Journal of Cleaner Production, 2015.

[84] Taskhiri M S, Tan R R, Chiu A S F. Emergy-based fuzzy optimization approach for water reuse in an eco-industrial park[J]. Resources, Conservation and Recycling, 2011, 55(7): 730-737.

[85] Ulgiati S, Odum H T. Emergy use, environmental loading and sustainability——An energy analysis of Italy[J]. Ecological Modeling, 1994(73): 215-268.

[86] Yang Z F, Jiang M M, Chen B, et al. Solar emergy evaluation for Chinese economy[J]. Energy Policy, 2010, 38(2): 875-886.

[87] Amponsah N Y, Lacarrière B, Jamali-Zghal N, et al. Impact of building material recycle or reuse on selected emergy ratios[J]. Resources, Conservation and Recycling, 2012, 67: 9-17.

[88] Peris Mora E. Life cycle, sustainability and the transcendent quality of building materials[J]. Building and Environment, 2007, 42(3): 1329-1334.

[89] Pulselli R M, Simoncini E, Ridolfi R, et al. Specific emergy of cement and concrete: An energy-based appraisal of

building materials and their transport[J]. Ecological Indicators, 2008, 8(5): 647-656.

[90] Li D, Zhu J, Hui E C M, et al. An emergy analysis-based methodology for eco-efficiency evaluation of building manufacturing[J]. Ecological Indicators, 2011, 11(5): 1419-1425.

[91] 王伟东. 建筑的生态效率能值分析与评价研究——以体育建筑为例[D]. 上海: 同济大学, 2007.

[92] 张勇, 陈曦虎, 李慧民, 等. 基于能值分析的旧工业建筑改造评价[J]. 工业建筑, 2013, 43(10): 24-27.

[93] 张改景, 龙惟定, 苑翔. 区域建筑能源规划系统的能值分析研究[J]. 建筑科学, 2008, 24(12): 22-26.

[94] 张改景, 龙惟定, 张洁. 可再生能源可持续性评价的能值分析法研究[J]. 建筑科学, 2010, 26(10): 181-186.

[95] 韩瑞瑞, 张永福, 马春霞. 土地生态系统可持续发展的能值分析——以阿克苏市为例[J]. 安徽农学通报, 2012, 18(9): 1-4, 14.

[96] 李双成, 蔡运龙. 基于能值分析的土地可持续利用态势研究[J]. 经济地理, 2002, 22(3): 346-350.

[97] 谢毅. 基于能值分析的土地利用结构优化研究——以南宁市为例[D]. 南宁: 广西师范学院, 2013.

[98] 曹顺爱, 冯科, 吴次芳, 等. 基于能值的土地利用结构优化方案的评价[J]. 统计与决策, 2009, (20): 43-44.

[99] Lei K, Liu L, Hu D, et al. Mass, energy, and emergy analysis of the metabolism of Macao[J]. Journal of Cleaner Production, 2015.

[100] Yang D, Kao W T M, Zhang G, et al. Evaluating spatiotemporal differences and sustainability of Xiamen urban metabolism using emergy synthesis[J]. Ecological Modelling, 2014, 272: 40-48.

[101] Zhang Y, Yang Z, Liu G, et al. Emergy analysis of the urban metabolism of Beijing[J]. Ecological Modelling, 2011, 222(14): 2377-2384.

[102] Huang S L, Lee C L, Chen C W. Socioeconomic metabolism in Taiwan: Emergy synthesis versus material flow analysis[J]. Resources, Conservation and Recycling, 2006, 48(2): 166-196.

[103] 焦文婷, 陈兴鹏, 张子龙, 等. 基于能值分析的县域生态经济系统物质代谢与可持续发展评价——以甘肃省正宁县为例[J]. 干旱区资源与环境, 2011, 25(2): 46-51.

[104] 郭晓佳, 陈兴鹏, 张满银. 甘肃少数民族地区人地系统物质代谢和生态效率研究——基于能值分析理论[J]. 干旱区资源与环境, 2010, 24(7): 27-33.

[105] 张妍, 杨志峰. 北京城市物质代谢的能值分析与生态效率评估[J]. 环境科学学报, 2007, 27(11): 1892-1899.

[106] 李芳, 张妍, 刘耕源. 基于能值分析的城市物质代谢研究[J]. 环境科学与技术, 2009, 32(10): 108-112.

[107] 吴玉琴, 严茂超, 许力峰. 城市生态系统代谢的能值研究进展[J]. 生态环境学报, 2009, 18(3): 1139-1145.

[108] 刘耕源, 杨志峰, 陈彬. 基于能值分析方法的城市代谢过程研究——理论与方法[J]. 生态学报, 2013, 33(15): 4539-4551.

[109] 刘耕源, 杨志峰, 陈彬. 基于能值分析方法的城市代谢过程——案例研究[J]. 生态学报, 2013, 33(16): 5078-5089.

[110] 宋涛, 蔡建明, 倪攀, 等. 基于能值和 DEA 的中国城市新陈代谢效率分析[J]. 资源科学, 2013, 35(11): 2166-2173.

[111] Siche J R, Agostinho F, Ortega E, et al. Sustainability of nations by indices: Comparative study between environmental sustainability index, ecological footprint and the emergy performance indices[J]. Ecological Economics,

2008, 66(4): 628-637.

[112] Chen B, Chen G Q. Ecological footprint accounting based on emergy—A case study of the Chinese society[J]. Ecological Modelling, 2006, 198(1-2): 101-114.

[113] Ulgiati S, Brown M T, Bastianoni S, et al. Emergy-based indices and ratios to evaluate the sustainable use of resources[J]. Ecological Engineering, 1995, 5(4): 519-531.

[114] Brown M T, Ulgiati S. Emergy-based indices and rations to evaluate sustainability: monitoring economies and technology toward environmentally sound innovation [J]. Ecological Engineering, 1997, 9(1-2): 51-69.

[115] 陆宏芳，蓝盛芳，李雷，等. 评价系统可持续发展能力的能值指标[J]. 中国环境科学, 2002,22(4): 93-97.

[116] 陆宏芳，蓝盛芳，彭少麟. 系统可持续发展的能值评价指标的新拓展[J]. 环境科学, 2003, 24(3): 150-154.

[117] Vega-Azamar R E, Glaus M, Hausler R, et al. An emergy analysis for urban environmental sustainability assessment, the Island of Montreal, Canada[J]. Landscape and Urban Planning, 2013, 118: 18-28.

[118] Lei K, Wang Z, Ton S. Holistic emergy analysis of Macao[J]. Ecological Engineering, 2008, 32(1): 30-43.

[119] Li S, Luo X. Emergy assessment and sustainability of ecological‐economic system using GIS in China[J]. Acta Ecologica Sinica, 2015, 35(5): 160-167.

[120] Lei K, Hu D, Zhou S, et al. Monitoring the sustainability and equity of socioeconomic development: A comparison of emergy indices using Macao, Italy and Sweden as examples[J]. Acta Ecologica Sinica, 2012, 32(3): 165-173.

[121] Lou B, Qiu Y, Ulgiati S. Emergy-based indicators of regional environmental sustainability: A case study in Shanwei, Guangdong, China[J]. Ecological Indicators, 2015, 57: 514-524.

[122] Huang S L, Hsu W L. Materials flow analysis and emergy evaluation of Taipei's urban construction[J]. Landscape and Urban Planning, 2003, 63(2): 61-74.

[123] 谭少华，赵万民. 人居环境建设可持续评价的能值指标构建[J]. 城市规划学刊, 2008(5): 97-101.

[124] 宋晓霞. 基于能值分析的重庆市人居环境建设可持续评价研究[D]. 绵阳: 西南科技大学, 2008.

[125] 张欣慧. 基于能值分析的重庆市人居环境建设可持续性评价—基础设施视角[D]. 重庆: 重庆大学, 2012.

[126] 张亚. 基于能值分析的人居环境建设可持续发展评价指标研究[D]. 重庆: 重庆大学, 2012.

[127] 马杰. 基于能值分析的人居环境建设可持续评价阈值研究[D]. 重庆: 重庆大学, 2013.

[128] Zucchetto J. Energy-economic theory and mathematical models for combining the systems of man and nature, case study: The urban region of Miami, Florida[J]. Ecological Modelling, 1975, 1(4): 241-268

[129] Huang S L, Lai H Y, Lee C L. Energy hierarchy and urban landscape system[J]. Landscape and Urban Planning, 2001, 53(1): 145-161.

[130] 陆宏芳，蓝盛芳，俞新华，等. 城市复合生态系统能值整合分析研究方法论[J]. 城市环境与城市生态, 2005, (4): 34-37.

[131] Clrveland C J, Kaufmann R K, Stern D I. Aggregation and the role of energy in the economy[J]. Ecological Economics, 2000, 32(2): 301-317.

[132] Spreng D T. Net-Energy Analysis and the Energy Requirements of Energy Systems[M]. New York: Praeger Publishers, 1988: 289.

[133] 魏胜文, 陈先江, 张岩, 等. 能值方法与存在问题分析[J]. 草业学报, 2011, 20(2): 270-277.

[134] 陈修颖. 区域空间结构重组-理论与实证研究[M]. 南京: 东南大学出版社, 2005.

[135] 盖迪斯. 进化中的城市[M]. 李浩译. 北京: 中国建筑工业出版社, 2012.

[136] Huang S, Chen C. Theory of urban energetics and mechanisms of urban development[J]. Ecological Modelling, 2005, 189(1-2): 49-71.

[137] 刘永振. 论系统的协同作用[J]. 中国社会科学, 1985, (2): 119-131.

[138] 陈玉和, 吴士健, 田为厚. 区域经济可持续发展的差异互补与协同—山东半岛城市群合作与发展的一种思路[J]. 青岛科技大学学报(社会科学版), 2006, 22(2): 1-4.

[139] 沈清基. 城市生态与城市环境[M]. 上海: 同济大学出版社, 2000.

[140] 宋永昌, 由文辉, 王祥荣. 城市生态学[M]. 上海: 华东师范大学出版社, 2000.

[141] 汤放华, 陈修颖. 城市群空间结构演化:机制、特征、格局和模式[M]. 北京: 中国建筑工业出版社, 2010.

[142] 刘伟, 鞠美庭, 李智, 等. 区域(城市)环境—经济系统能流分析研究[J]. 中国人口·资源与环境, 2008, (5): 59-63.

[143] 毛志锋. 区域可持续发展的理论与对策[M]. 武汉: 湖北科学技术出版社, 2000.

[144] 冯年华. 区域可持续发展创新——理论与实证分析[M]. 北京: 中国工商出版社, 2004.

[145] Odum H. T. 蓝盛芳译. 能量、环境与经济——系统分析导引[Z]. 蓝盛芳译. 北京: 东方出版社, 1992.

[146] 陆大道. 区域发展及其空间结构[M]. 北京: 科学出版社, 1995.

[147] 安虎森. 区域经济学通论([M]. 北京: 经济科学出版社, 2004.

[148] 隋春花, 蓝盛芳. 城市生态系统能值分析(EMA)的原理与步骤[J]. 重庆环境科学, 1999, (2): 15-17.

[149] 隋春花, 蓝盛芳. 广州城市生态系统能值分析研究[J]. 重庆环境科学, 2001, (5): 4-6.

[150] 张耀军, 成升魁, 闵庆文, 等. 资源型城市生态经济系统的能值分析[J]. 长江流域资源与环境, 2004, 13(3): 218-222.

[151] 城乡规划局. 绵阳简介[Z]. 绵阳旅游网. 绵阳简介[EB/OL]. http://www.mylyw.roboo.com/web/aboutus/43849.htm.

[152] 李国平, 王志宝. 中国区域空间结构演化态势研究[J]. 北京大学学报(哲学社会科学版), 2013, 50(4): 148-157.

[153] 农业技术经济手册编委会. 农业技术经济手册[M]. 北京: 农业出版社, 1983.

[154] 陈阜. 农业生态学[M]. 北京: 中国农业大学出版社, 2004.

[155] 赵志强, 李双成, 高阳. 基于能值改进的开放系统生态足迹模型及其应用——以深圳市为例[J]. 生态学报, 2008, 28(5): 2220-2231.

[156] Huang S H W. Materials flow analysis and emergy evaluation of Taipei's urban construction[J]. Landscape and Urban Planning, 2003, 63(2): 61-74.

[157] 赵志强, 高江波, 李双成, 等. 基于能值改进生态足迹模型的广东省 1978—2006 年生态经济系统分析[J]. 北京大学学报(自然科学版), 2009, 45(5): 861-867.

[158] Jiang M M, Zhou J B, Chen B, et al. Ecological evaluation of Beijing economy based on emergy indices[Z]. 2009, 14: 2482-2494.

[159] 周建, 齐安国, 袁德义. 湖南省生态经济系统的能值分析[J]. 中国生态农业学报, 2008, 16(2): 488-494.

[160] Odum H T. Environment Accounting: Emergy and Environment Decision Making[Z]. New York: John Wiley, 1996, 42(4): 1187-1201.

[161] Ulgiati S, Brown M T. Monitoring patterns of sustainability in natural and man-made ecosystems[J]. ecological modeling, 1998, 108(1-3): 34-35.

[162] 李金平, 陈飞鹏, 王志石. 城市环境经济能值综合和可持续性分析[Z]. 生态学报, 2006, 26(2): 439-448.

[163] 潘安, 李铁松. 南充生态经济系统的能值分析与可持续发展研究[J]. 四川环境, 2006, 25(2): 57-62.

[164] Lei K, Wang Z, Ton S. Holistic emergy analysis of Macao[J]. Ecological Engineering, 2008, 32(1): 30-43.

[165] 李加林, 龚虹波, 许继琴. 浙江环境-经济系统发展水平的能值分析[J]. 地域研究与开发, 2003, 22(5): 33-37.

[166] Ulgiati S, Odum H T, Bastianoni S. Emergy use, environmental loading and sustainability: An emergy analysis of Italy[J]. Ecological Modelling, 1994, 73(3-4): 215-268.

[167] 蓝胜芳, Odum H. T. 中国环境、经济资源的能值综合[J]. 生态科学, 1994, (1): 63-74.

[168] 李海涛, 严茂超, 沈文清, 等. 新疆生态经济系统的能值分析与可持续发展研究[J]. 干旱区地理, 2001, 24(4): 289-296.

[169] 曾旭, 姚建, 孙辉. 基于能值理论的成都市生态经济系统可持续性评估[J]. 生态学杂志, 2011, 30(12): 2875-2880.

[170] 刘沙. 生态经济系统的能值研究——以攀枝花市生态经济系统为例[J]. 环境科学管理, 2008, 33(5): 147-152.

[171] 方云祥, 刘泉. 泸州市生态经济系统的能值分析[J]. 安徽农业科学, 2012, 40(8): 4826-4828.

[172] 杨德伟, 陈治谏, 倪华勇, 等. 基于能值分析的四川省生态经济系统可持续性评估[J]. 长江流域资源与环境, 2006, 15(3): 303-309.

[173] 王继增, 吴志峰, 卓慕宁, 等. 区域可持续发展空间差异的定量研究——主成分分析[J]. 农业系统科学与综合研究, 2002, 18(1): 58-61.

[174] 阮平南, 武玉英, 何喜军. 区域劳动力转移的能值分析与思考[J]. 中国人口科学, 2005, (S1): 44-47.

[175] 段进. 城市空间发展论[M]. 南京: 江苏科学技术出版社, 1999.

[176] Odum H T. self-organization, transformity, and information[J]. Science, 1988, 242(4882): 1132-1139.

[177] 周一星. 城市化与国民生产总值关系的规律性探讨[J]. 人口与经济, 1982, (1): 28-33.

[178] 绵阳市统计局, 国家统计局绵阳调查队. 绵阳统计年鉴2014[M]. 北京: 中国统计出版社, 2014.

[179] 唐志军, 谌莹, 刘友金. 影响中国房地产市场的主要制度安排研究[J]. 湖南科技大学学报(社会科学版), 2011, (7): 102-107.

[180] 王利蕊. 中国房地产投资对国民经济包容性增长的实证研究[J]. 经济问题, 2013, (8): 48-53.

[181] Green R K. Follow the leader: How changes in residential and non-residential investment predict changes in GDP?[J]. Real Estate ECON, 1997, 25(2): 253-270.

[182] Campbell J Y, Cocco J F. How do house price affect consumption? Evidence from micro data[J]. Journal of Monetary Economics, 2007, 54(3): 591-621.

[183] 杨忠娜. 新疆房地产投资与经济增长关系的实证分析[J]. 现代城市研究. 2014, (1): 116-120.

[184] 皮舜, 武康平. 房地产市场发展和经济增长间的因果关系——对我国的实证分析[J]. 管理评论, 2004, 16(3):

8-12.

[185] 陈湘州, 袁永发. 房地产投资影响经济增长的区域性差异——基于省际面板数据的实证分析[J]. 北京工商大学学报(社会科学版), 2013, 28(6): 117-122.

[186] 陆菊春, 贾自武, 田洪芬. 房地产投资对经济增长效应及区域性差异的研究[J]. 武汉理工大学学报(信息与管理工程版), 2008, 30(6): 959-963, 981.

[187] 徐丽杰. 城市化、房地产投资与经济增长关系的研究——以河南省为例[J]. 地域研究与开发, 2014, (3): 64-68.

[188] 刘学功, 郑敬刚. 许昌市产业结构演变与城市化区域差异研究[J]. 地域研究与开发, 2011, 30(2): 96-99.

[189] 刘建江, 匡树岑, 杨晴, 等. 城市化与房地产开发的协同发展研究[J]. 长沙理工大学学报(社会科学版), 2011, 26(4): 49-54.

[190] 李蓉, 郑垂勇, 马骏, 等. 水利工程建设对生态环境的影响综述[J]. 水利经济, 2009, 27(2): 12-15.

[191] 龙枚梅, 王如渊, 王佑汉, 等. 四川盆地城市群主要城市人口密度空间分布及其演变规律[J]. 西华师范大学学报(自然科学版), 2010, 31(1): 95-100.

[192] 李秀萍, 杜漪. 绵阳市县域新型工业化与新型城镇化协调发展评价[J]. 绵阳师范学院学报, 2014, 33(6): 125-130.

[193] 王肃羽, 刘振杰. 以新型城镇化促农村人口有效转移[EB/OL]. http://www.scfpym.gov.cn/show.aspx?id=25749, 2014-04-17.

[194] 向前莹. 绵阳市流动人口分析[J]. 商情, 2013, (52): 418.

[195] Hagstrêm P N P O. Emergy evaluation of Swedish Economy Since the 1950S: the 3rd Biennial International Emergy Research Conference[Z]. The Center for Environmental Policy, University of Florida, Gainesville, FL: 2004.

[196] Ulgiati S. Investigating a 20-yearnational economic dynamicsbymeansof emergy-based indicators: the 3rd Biennial International Emergy Research Conference[Z]. The Center for Environmental Policy, University of Florida, Gainesville, FL: 2004.

[197] 段晓峰, 许学工. 黄河三角洲地区资源-环境-经济系统可持续性的能值分析[J]. 地理科学进展, 2006, 25(1): 45-55.

[198] LU Hong-fang, LAN Sheng-fang, LI Lei. New emergy indices for sustainable development[J]. Journal of Environmental Science, 2003, 15(4): 171-177.

[199] Shuli H, Ht O. Ecology And Economy EMWEGY Synthesis And Public Policy In Taiwan[J]. Journal of Environment Management, 1991, (32): 313-333.

[200] Brown M T, Ulgiati S. Emergy measures of carrying capacity to evaluate economic investments[J]. Population and Environment, 2001, 22(5): 471-501.

[201] 张焱, 寻翠翠. 对 GDP 核算体系缺陷的辩证思考[J]. 上海商学院学报, 2008, 9(6): 29-32.

[202] 曹茂莲, 张莉莉, 查浩. 国内外实施绿色 GDP 核算的经验及启示[J]. 环境保护, 2014, 42(4): 63-65.

[203] 李涛, 陈彦桦, 王嘉炜, 等. 基于能值分析的广西绿色 GDP 核算研究[J]. 荆楚理工学院学报, 2014, (2): 65-69.

[204] Nations U. Integrated Environmental and Economic Accounting Series F[M]. New York: United Nations, 2003.

[205] 彭涛, 吴文良. 绿色GDP核算——低碳发展背景下的再研究与再讨论[J]. 中国人口.资源与环境, 2010, 20(12):

81-86.

[206] 张丽君，秦耀辰，张金萍，等. 基于 EMA-MFA 核算的县域绿色 GDP 及空间分异——以河南省为例[J]. 自然资源学报, 2013, 28(3)：504-516.

[207] 邱琼. 绿色 GDP 核算研究综述[J]. 中国统计, 2006, (9)：8-9.

[208] 龚任华. 能值分析方法视角下的福建省绿色 GDP 核算的研究[D]. 福州：福建农林大学, 2011.

[209] 葛联迎. 基于可持续发展的绿色 GDP 核算[J]. 统计与决策, 2013, (17)：27-29.

[210] 任建兰. 区域可持续发展理论与方法[M]. 济南：山东省地图出版社, 1998.

[211] 匡耀求，孙大中. 基于资源承载力的区域可持续发展评价模式探讨——对珠江三角洲经济区可持续发展的初步评价[J]. 热带地理, 1998, 18(63)：249-255.

[212] 张攀. 复合产业生态系统能值分析评价和优化研究[D]. 大连：大连理工大学, 2011.

附录　太阳能值转换率一览表*

太阳能值转换率一览表

序号	项目	单位	太阳值转换率	序号	项目	单位	太阳值转换率
1	太阳光能	sej/J	1	11	固体废弃物	sej/J	1.80E+06
2	雨水化学能量	sej/J	1.54E+04	12	废水	sej/J	6.65E+05
3	地球旋转能量	sej/J	2.91E+04	13	建筑垃圾	sej/g	1.79E+09
4	雨水势能	sej/J	8.89E+03	14	废气	sej/g	6.66E+05
5	表土层损失能	sej/J	7.40E+04	15	砂石	sej/g	2.90E+04
6	水电	sej/J	8.00E+04	16	水泥	sej/g	3.30E+10
7	火电	sej/J	1.60E+05	17	木材	sej/g	2.80E+09
8	电力	sej/J	3.11E+05	18	化肥	sej/g	2.80E+09
9	天然气	sej/J	1.71E+04	19	钢材	sej/g	2.35E+09
10	原煤	sej/J	6.63E+04				

（资料来源：作者整理）

* 备注：序号1～7的数值来自于参考文献：蓝盛芳，钦佩，陆宏芳. 生态经济系统能值分析[M]. 北京：化学工业出版社，2002；序号8引自参考文献：Ascione M，Campanella L，Cherubini F，et al. Environmental driving forces of urban growth and development[J]. Landscape and Urban Planning, 2009，93（3-4）：238-249；序号9～10引自参考文献：Assessing geobiosphere work of generating global reserves of coal，crude oil，and natural gas[J]. ECOLOGICAL MODELLING, 2011, 222（3）：879-887；序号11～17引自参考文献：Huang S，Hsu W. Materials flow analysis and emergy evaluation of Taipei's urban construction[J]. Landscape and Urban Planning, 2003，63（2）：61-74；序号18引自参考文献：Yang D，Kao W T M，Zhang G，et al. Evaluating spatiotemporal differences and sustainability of Xiamen urban metabolism using emergy synthesis[J]. Ecological Modelling, 2014, 272：40-48；序号19钢材的数值来自于参考文献：魏敏，冯永军，李芬等.泰安市旅游生态能值分析[J].地理学报，2012，67（9）：1181-1189。